基礎からわかる　きれいに撮れる
デジタルカメラによる
天体写真の写し方

中西昭雄 著

誠文堂新光社

天体写真の魅力

固定撮影
（短時間露出）

■八ヶ岳に昇る満月
撮影データ：80mm相当　絞りF5.6　露出1/125秒と1秒の合成　ISO100　満月が夜景に対して明る過ぎるため，露出を変えた2コマを合成．

　固定撮影は天体写真の基本となるものです．夕暮れどきの月などは，短い露出時間で昼間の風景写真の延長で気軽に撮影することができます．露出時間が短いと1コマの撮影はあっという間に終わりますので，構図や露出を変えて，いろいろと試してみましょう．短時間露出では，固定撮影でも星が点像に写ります．長時間露出では星の軌跡が弧を描くように写ります．

■浅間山と三日月，金星，木星
撮影データ：65mm相当　絞りF4.5　露出1/2秒　ISO100

天体写真の魅力

■しだれ桜と北斗七星
撮影データ：24mm　絞りF3.5　露出30秒　ISO1000

固定撮影
（長時間露出）

■北天の日周運動
撮影データ：80mm相当
絞りF8　露出1時間
ISO100

■東空から昇る星ぼし
撮影データ：100mm　絞りF4　露出1分×90コマ　総露出
1時間30分　ISO200

■沈むオリオン座
撮影データ：38mm相当　絞りF4　露出5分　ISO100

ガイド撮影

　ガイド撮影では，長時間の露出でも星が点像に写ります．そのため星座の形がわかりやすく，天の川の姿なども明るくくっきりと写し出すことができます．星の動きに合わせて動く「赤道儀」を用いるので，固定撮影とは逆に地上の風景が動いて写ります．

■冬の星座
撮影データ：15mm対角魚眼レンズ
絞りF3.5　露出4分　ISO800

■さそり座といて座
撮影データ：35mm　絞りF2.8　露出2分　ISO800
視野を広げるために，56mm相当のレンズを使い3枚をモザイク合成．

天体望遠鏡を使った撮影・月

　月は私たちにとってもっとも身近な天体です．月は明るくて大きいため，小型の天体望遠鏡でもよく見え，写真にもよく写ります．天体望遠鏡への導入やピント合わせも容易で，速いシャッター速度で撮ることができます．天体望遠鏡を使った撮影を始めるとき，まず最初にねらってほしいものです．

■八ヶ岳の最高峰・赤岳に昇る満月
撮影データ：800mm相当の天体望遠鏡　F8　露出1/100秒　ISO100

■月
撮影データ：1600mm相当の天体望遠鏡＋2×コンバージョンレンズ　合成F16　露出1/60秒　ISO200

■月のクレーター
撮影データ：約6500mm相当の天体望遠鏡　拡大撮影　合成F約54　露出1/8秒　ISO200

天体望遠鏡を使った拡大撮影・惑星

　左ページのような月のクレーターや惑星のアップを撮るには，拡大撮影という方法を用います．これは天体望遠鏡をのぞくのと同じ要領で，倍率の異なる接眼レンズを交換することで像の大きさを変えることができます．ただし，倍率を上げるほど像が暗くなるのでシャッター速度が遅くなり，ブレやすくなります．大気の乱れ（シーイング）の影響も受けやすくなります．

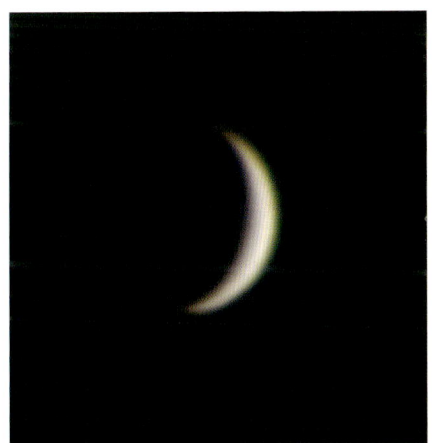
■金星

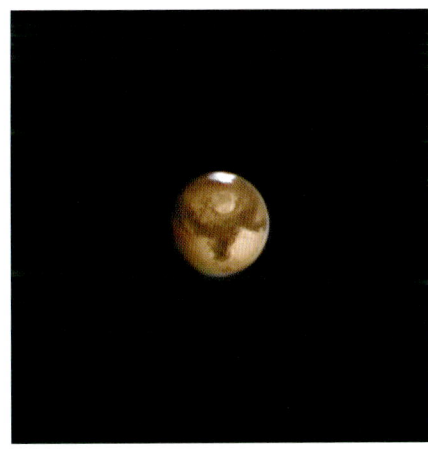
■火星

■木星

■土星

撮影データ：火星以外は焦点距離約20000mmの天体望遠鏡　合成F約60　ISO400　火星は約17500mmの天体望遠鏡　合成F約70　いずれも拡大撮影　CマウントのCCDカメラ使用　露出は金星1/125秒　火星1/30秒　木星1/4秒　土星1秒

天体望遠鏡を使った撮影・星雲星団

　天体望遠鏡を使って長い露出時間をかけて星雲や星団を写すと，肉眼ではほとんど見ることのできない，淡い星雲や星団をはっきり写しだすことができます．ただし，わずかなガイディングエラーでも星が流れて写ってしまうので，ガイド精度のよい赤道儀と，ちょっとした撮影テクニックも必要になってきます．

■M31・アンドロメダ大銀河
撮影データ：650mm相当の天体望遠鏡　F5　露出2分30秒　ISO1600

天体写真の魅力

■ M45・すばる
撮影データ：670mmの天体望遠鏡　総露出1時間45分　冷却CCDカメラを使用

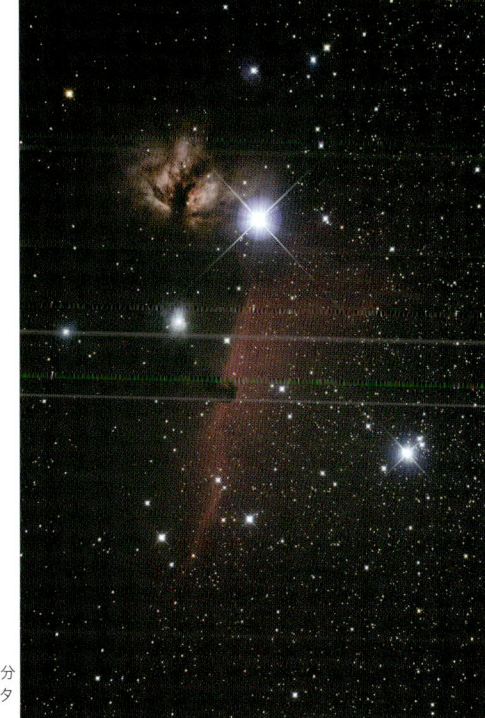

■ オリオン座の馬頭星雲
848mm相当の天体望遠鏡　F3.3
露出2分30秒×4コマ　総露出10分
ISO800　赤い星雲が比較的よく写るタイプのカメラを使用

皆既日食・金環日食

日食は見ごたえのある天文現象で、撮影の対象としても人気があります。皆既日食は太陽を月が完全に覆い隠してしまうので太陽が黒く見え、金環日食は太陽が少しだけ大きいためリング状になって見えます。露出時間を変えて、できるだけたくさんのコマ数を撮るのがよいでしょう。

■皆既日食
撮影データ：600mm相当の天体望遠鏡
F5.6　露出1/250〜1秒の5コマを諧調拡大のために合成　ISO100

■皆既日食の光景
撮影データ：16mm
絞りF5.6　露出2秒　ISO100

天体写真の魅力

■金環日食
撮影データ：1280mm相当の天体望遠鏡　太陽撮影用D5フィルター使用（露出倍数100000倍）露出1/500秒もしくは1/250秒 ISO100　欠け始めから終わりまでを組み写真にしたもの

■金環日食時の木漏れ日
撮影データ：28mm
露出オート　ISO100

皆既月食

　皆既月食は月全体が地球の影にすっぽり入ってしまい，赤銅色に染まって見えます．ふつうの満月よりもかなり暗くなるので，露出や感度などをいろいろ試して撮影するとよいでしょう．皆既日食と違って，皆既月食は，日本国内でも何年かに一度は見ることができますので，ぜひ撮影に挑戦してください．

■皆既月食
撮影データ：
800mm相当の天体望遠鏡＋2×コンバージョンレンズ
露出8秒　ISO100

■皆既月食の連続写真
撮影データ：
25mm相当　露出1/125～1/4秒の15コマを多重露出風に合成　ISO100

はじめに

デジタルカメラで
天体写真を始めよう！

　天体写真…と聞いて，どんな写真を思い浮かべますか？　小学校の理科の教科書に載っていた，北極星を中心に星が円弧を描いている日周運動の写真，あるいは宇宙の図鑑に載っているような，渦を巻いた銀河の写真かもしれません．そして，天体写真は特殊な装置を使わなければ撮影できないむずかしい写真，という印象があるかもしれません．確かに，スナップ写真のようにただシャッターを押すだけ…では撮れず，多少の準備や知識は必要です．しかし，天体写真は，ポイントさえ押さえれば案外簡単で身近な写真なのです．

　本書でご紹介するのは，デジタルカメラを使った天体写真の撮影法です．デジタルカメラは昨今，中判一眼レフカメラからコンパクトカメラまでさまざまな機能や特長を備えた機種が次々と発売され，今日ではフイルムカメラよりも普及しています．天体写真撮影でもデジタルカメラを使う人の割合はかなり高くなっています．デジタルカメラでは撮影した写真を撮影したその場で，撮影した画像をモニターで確認することもできますから，何か失敗があってもすぐに対処して撮りなおすことが可能です．フイルムカメラを使い，現像の仕上がりを待たねば結果がわからなかった時代とは隔世の感があります．データ量の上限はありますが撮影枚数を気にすることもほとんどありませんし，パソコンのモニターで見るだけなら，現像代もプリント代も必要ありません．パソコンで画像処理をするにも，断然デジタルカメラを使った方が有利です．

　はじめは，そうむずかしく考えることはありません．たとえば太陽が沈んだあと，ふと，夕焼け空に三日月や宵の明星である金星が美しく輝いている様子に見とれたり，山や海の上に満天の星が広がっていて感動したりするでしょう．また，流星群の極大日に空を見上げれば，流れ星を見られるかもしれません．数年から十数年に1度くらい，尾を引いた彗星が肉眼でも見られることもあります．北極圏の近くに旅行に出かければ，オーロラを見ることもできます．近年たいへん人気のある皆既日食では，昼なのに暗くなり，星さえまたたくのです．そして黒い太陽の周りに輝くコロナ…．そんな神秘的ですばらしい光景を，自分で写真に残したいと思いませんか？

　さあ，デジタルカメラを使って，天体写真の撮影を始めてみましょう！

目次 CONTENTS

天体写真の魅力　2
はじめに　13

■第1章　撮影の前に　16
　天体写真の撮影に適したカメラとは？　18
　デジタル一眼レフカメラの各部名称　20
　天体写真の撮影方法の種類　22
　撮影に持っていきたいもの　24
　撮影するときの服装　25

■第2章　天体写真の基本―固定撮影　26
　準備するもの―レンズ　28
　焦点距離による画角の違い　30
　用意するもの―三脚　32
　あると便利な周辺機器　34
　ぜひ知っておきたい光害源の特性　35
　カメラ本体の設定　36
　設定による画質の違い　38
　レンズの設定　40
　ピント合わせ　41
　Column 絞りの効果について　42
　固定撮影の準備　44
　固定撮影の手順　45
　露出時間と星の軌跡の関係　46
　夜空の明るい場所，暗い場所　48
　撮影時刻と夜空の明るさ　50
　星の動き　51
　固定撮影による作例　52
　流星を撮ってみよう　54
　国際宇宙ステーションを撮ってみよう　56
　オーロラを撮ってみよう　57
　旅行先の風景と一緒に天体写真を撮ってみよう　58
　よくある失敗例とその対処1　60
　Column ディフュージョンフィルター　62

■第3章　カメラレンズによるガイド撮影　64
　ポータブル赤道儀について　66
　固定撮影とガイド撮影の違い　68
　ガイド撮影の準備　70
　ガイド撮影の手順　71
　赤道儀の極軸を合わせる　72

ガイド撮影による作例　74
　　よくある失敗例とその対処2　76
　　流星を撮ってみよう　78
　　星座をすべて撮ってみよう　80
　　肉眼彗星をねらおう　82

■ 第4章　天体望遠鏡を使った月の撮影　84
　　天体望遠鏡について　86
　　天体望遠鏡の組み立て方　88
　　天体望遠鏡での撮影　直接焦点とコリメート法　90
　　天体望遠鏡の各部名称　92
　　月の露出　94
　　月齢をひとまわり撮ってみよう　96

■ 第5章　太陽の撮影　98
　　太陽の撮影に必要なもの　100
　　内惑星の太陽面経過　102
　　日出や日没の写真　103

■ 第6章　天体望遠鏡を使った
　　　　　月や惑星の拡大撮影　104
　　月や惑星の拡大撮影の手順　106
　　拡大撮影による作例　108

■ 第7章　天体望遠鏡を使った
　　　　　星雲星団の撮影　110
　　星雲星団の撮影に欲しい補正レンズなど　112
　　星雲星団の撮影に欲しい周辺機器　114
　　星雲星団の撮影の手順　116
　　天体望遠鏡と望遠レンズの違い　118

■ 第8章　日食と月食の撮影　120

■ 第9章　パソコンを使った
　　　　　簡単な画像処理　124

■ 天体写真の撮影に出かけよう！　129
　　どこに撮影に出かければいいの？　130
　　おすすめ撮影スポット　132
　　ペンションでの天体写真撮影　136
　　公開天文台に行ってみよう　139
　　車で撮影に出かけよう　140
　　公共交通機関で撮影に出かけよう　142

おわりに　143

第1章
撮影の前に

いろいろなデジタルカメラ

　デジタルカメラと一概にいっても、いろいろな種類があります。その中で天体写真の撮影に適したカメラというのは、どんなカメラでしょうか？

　現在、容易に入手できるデジタルカメラは、大きく分けると
・コンパクトタイプ
・ミラーレス一眼タイプ
・一眼レフタイプ
・中判一眼レフタイプ
の4タイプに分けることができます。それぞれのカメラの一番大きな違いは、撮像素子（イメージセンサー）の大きさです。撮像素子が大きいほど画素数を増やすことが容易で、かつ高解像度を得やすくなります。また、撮像素子を構成する画素の1画素の大きさも確保しやすく、1画素の大きさが大きいほど感度や諧調（ダイナミックレンジ）の点で有利です。

　一般撮影ならばどんなデジタルカメラでもきれいに撮れますが、天体は被写体としてはとても暗く、少々特殊ですからそうはいきません。

　前述の4タイプの中でもっとも普及しているのはコンパクトタイプですが、天体写真に一番使われているのは、一眼レフタイプです。その理由として、
・レンズ交換ができ、全周魚眼レンズから超

いろいろなデジタルカメラ
左から、中判一眼レフタイプ、一眼レフタイプ、ミラーレス一眼タイプ、コンパクトタイプ。

望遠レンズまで多彩なレンズが使用できる
・ボディを天体望遠鏡に直接取り付けて撮影
　したり，拡大撮影を行ないやすい
・オプション品が豊富で汎用性が高く，いろ
　いろなパターンの撮影に対応できる
といったことがあげられます．

　また，一眼レフタイプカメラは，販売競争が厳しいため常に最新の技術が投入されており，天体写真の撮影時に問題となる長時間露出時のノイズはもちろん，ISO感度を高感度に設定した際のノイズ特性にもすぐれています．機種によってはかなり高価になりますが，入門クラスのカメラは価格もこなれており，購入しやすいでしょう．

コンパクトタイプ
レンズは一体型で，その名のとおりとてもコンパクトです．初期の製品は画素数が少なく，ホワイトバランスやノイズの点からも画質は褒められたものではありませんでした．しかし，今日のコンパクトタイプのデジタルカメラは，一般撮影なら上手に使える一眼レフタイプに迫る画質を誇ります．ただし天体写真の撮影の場合は，月や惑星などの限られた明るい天体のみと考えたほうがよいでしょう．

ミラーレス一眼タイプ
撮像素子のサイズはAPS-Cサイズ，もしくは4/3（フォーサーズ，受光面のサイズは約17mm×13mm）サイズと，一眼レフタイプよりも小さなサイズが用いられています．レンズ交換が可能ながら，光学ファインダーを持たないためクイックリターンミラーを用いないことと，撮像素子が小さいために薄型で軽量となります．

一眼レフタイプ
撮像素子の受光部は，36mm×24mmのいわゆる35mm判フルサイズか，それよりも一回り小さなAPS-Cサイズが用いられます．このタイプは激しい販売競争のために開発サイクルが早く，機能面でも画質面でも性能向上が著しいです．汎用性が非常に高いために，天体写真の世界では標準的な存在です．

中判一眼レフタイプ
中判一眼レフタイプのデジタルカメラは，撮像素子の受光部が36mm×24mmよりも大きなサイズを採用しています．受光部の面積に余裕があるため，画素数が非常に多くもっとも高い解像度を期待できます．しかしISO感度を高く設定したときの画質や，長時間露出時のノイズ特性はまだ未知数です．

天体写真の撮影に適したカメラとは？

カメラ選びについて

　現在のデジタルカメラは，どの製品を選んでも昼間の撮影ならきれいに撮ることができます．しかし，天体は非常に暗いために，天体撮影ではISO感度を高く設定したうえで，露出時間が長くなることが多くなります．すると昼間の撮影なら問題にならないようなノイズの影響を大きく受けるようになるのです．ですから，天体写真の撮影には，高感度撮影や長時間露出時にノイズの少ないカメラを選ばなければなりません．しかしカタログを読んでみても，天体写真のことをよく知らないカメラ店でたずねてみても，どの機種がよいかはわかりにくいと思います．そこはやはり天文の雑誌や専門ショップの出番で，天体写真に向いた製品の情報を入手するとよいでしょう．

撮像素子のサイズについて

　かつてもっとも普及したフィルムは，フィルム幅が35mmの「35mm判フィルム」でした．そして35mm判フィルムを使うカメラの画面サイズは，「横が36mm縦が24mm」が標準でした．これと同じサイズの受光面を持つ撮像素子を通称『フルサイズ』と呼びます．長年フィルムで写真を撮ってきた方にとっては，焦点距離と画角の関係や，絞り値によるアウトフォーカス部のボケ具合などの経験がそのまま活かせるフルサイズのデジタル一眼レフカメラはとても魅力的です．しかし

フルサイズの撮像素子は製造コストが高いために，フルサイズよりも一回り小さく，1/1.5～1/1.7ほどのサイズを持つ撮像素子を採用したカメラが主流となっています．具体的には横23mm縦15.5mmほどのサイズですが，これは35mm判フィルムよりも小さな，APSフィルムを使うカメラの，APS-Cタイプの画面に近いことから，『APS-Cサイズ』と呼ばれます．APS-Cサイズの撮像素子の特長は，サイズが小さいことから，安価に撮像素子を製造することができること，ボディやレンズの小型化に貢献することがあげられます．反面，画素数が同じなら，フルサイズの撮像素子よりも画素サイズが小さくなり，感度やダイナミックレンジの点では不利となります．

温度が低いとノイズが減る

　CMOSやCCDといった撮像素子で発生するノイズのうち，「暗電流（あんでんりゅう）

撮像素子のサイズ
左から，フルサイズ，APS-Cサイズ，コンパクトカメラに使われる1/2.5型の撮像素子です．1つの画素のサイズが大きいほど，感度やダイナミックレンジの点で有利になるため，撮像素子自体のサイズが大きいほど，天体写真には有利になります．

ノイズ」あるいは「ダークノイズ」と呼ばれる種類のノイズは発生に再現性があります．
・露出時間に応じて増える（露出時間が長くなるほど増える）
・撮像素子の温度に応じて増える（温度が高くなるほど増える）
・ISO感度設定を高くすると目立つ

標高の高い場所での天体写真の撮影が有利なのは，光害から逃れるだけではなく，気温が下がってノイズが減ることが期待できるからなのです．

自分のカメラにどんなノイズが出るかを調べるには，試しにレンズキャップをして，迷光の影響を受けないような暗い場所で長時間の露出をしてみるとよいでしょう．

下にノイズの例をあげます．このカメラの場合，周辺に赤いかぶりは出ず，白や赤，青の輝点状ノイズ（これが暗電流ノイズです）が画面全体に一様にあります．これは，かなり優秀なノイズ特性のカメラです．

ノイズの例
気温23℃
ISO1600
露出10分

ノイズの多いカメラ，少ないカメラ

天体写真の撮影にデジタルカメラを使った場合，思いがけない「ノイズ」に見舞われることがあります．それは，画面全体に輝点状に現われるノイズや，画面の周辺部が赤くかぶるノイズなどです．天体写真の撮影では，こうしたノイズが少ない機種を選ばねばなりません．

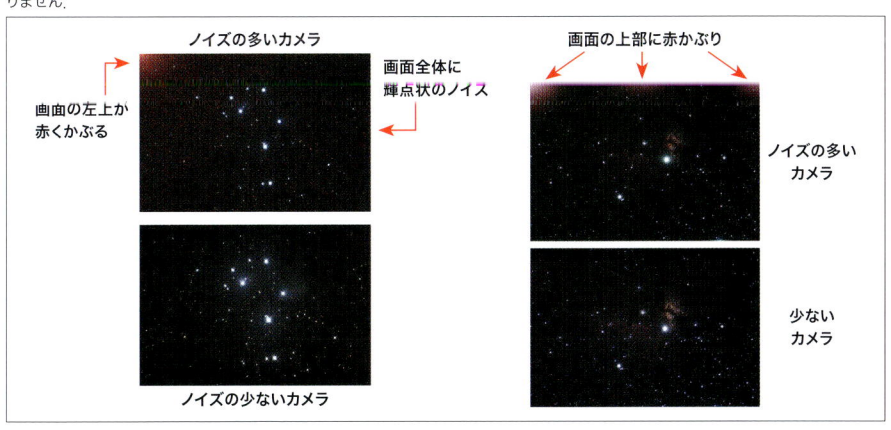

デジタル一眼レフカメラの各部名称

　デジタル一眼レフカメラの代表例として，キヤノンEOS kiss X4の各部の名称や機能，スイッチレイアウトを紹介しておきます．ここに記載されているものがすべてではありませんが，天体写真撮影に使う可能性のあるものを抜粋しました．

　デジタル一眼レフカメラのボタン類やスイッチ類の配置は，メーカーや機種が異なると，操作方法や機能が大きく違うことが多いものです．いずれにしても，デジタル機器は取扱説明書をじっくりと読み込む必要があります．撮影現場で困らないように，あらかじめ取扱説明書は一読し，慣れないうちは必ず撮影にも持っていくようにしましょう．

　本書では一眼レフのデジタルカメラを主体に解説していますが，その理由は一眼レフカメラが天体写真の撮影においてもっとも汎用性が高く，さまざまな撮影方法に対応できるだけでなく，画質もよいからです．

　最近ではミラーレスタイプのレンズ交換式デジタルカメラも数多く登場し，しかもなかなか汎用性は高いです．コンパクトタイプでも，用途によっては充分な性能ですが，ひととおり撮影できるということで，やはりデジタル一眼レフカメラをおすすめしておきます．価格はさまざまで，もちろん高価なものは高性能ですが，最初は入門機でも充分だと思います．

正面／シャッターボタン／モードダイヤル／ボディキャップ／レンズロック解除ボタン

上部

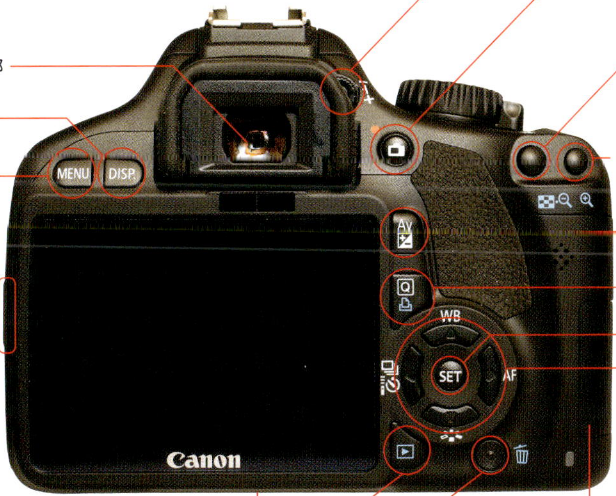

背面

天体写真の撮影方法の種類

　一口に天体写真といっても，いくつかの撮影方法に分けることができます．特別な機材を必要とせず，すぐにとりかかれる撮影方法もあれば，精度の高い装置を使ってシビアな撮影を行なう方法もあります．まずはどんな撮影方法でどのような天体写真が撮れるのか把握しておきましょう．

　本書では固定撮影，ガイド撮影，天体望遠鏡を使った月や太陽の撮影，天体望遠鏡を使った月や惑星の拡大撮影，天体望遠鏡を使った星雲・星団の撮影の，大まかに分けると，5種類の撮影方法について解説します．

固定撮影

　三脚にカメラを載せて，数秒から数時間シャッターを開けて撮影する方法です．カメラと三脚以外にはあまり機材を必要とせず，それでいて天体写真の基礎を学べますので，天体写真の最初の一歩としてマスターしましょう．

ガイド撮影

　赤道儀という天体写真撮影専用の架台を用意します．赤道儀があると，地球の自転によって動いていく天体を追尾することができます．暗い星や星雲・星団もはっきりと写すことができます．

撮影の前に **1**

天体望遠鏡を使った月や太陽の撮影

　天体望遠鏡を使うと、天体の大写しが可能になります。天体望遠鏡を使った撮影では、まずは月の撮影がおすすめです。太陽の撮影では、失明や火傷の危険がともないますので、充分な注意が必要です。

天体望遠鏡を使った月や惑星の拡大撮影

　天体望遠鏡に拡大撮影用のアダプターを組み合わせれば、対象を拡大して撮影することができます。月のクレーターや太陽の黒点、惑星などを、あたかも高倍率で観察したように写すことができます。

天体望遠鏡を使った星雲・星団の撮影

　天体望遠鏡を使っても、星雲や星団の多くは暗くてはっきりとは見えません。しかしカメラは光を蓄積することができますので、暗い天体でも明瞭に写し出すことができるのです。撮影は少しむずかしくなりますが、やりがいのある撮影方法です。

撮影に持っていきたいもの

　天体写真の撮影には，カメラとその周辺機材だけではなく，必ず必要なものや，あると便利なグッズがいろいろとあります．何度か撮影に出かけてみると，自分に必要なものがわかってくるでしょう．代表的なものとしては，次のようなものがあります．

夜間見やすい時計

　時計は時刻を見るだけではなく，撮影している写真の露出時間をカウントするのにも使えます．カウントには，ストップウオッチや料理用タイマー，腕時計や携帯電話も使えます．温度計や湿度計が付いていると，なお便利です．

ヘッドライト

　準備や後片付けでライトは必ず必要なものですが，ヘッドライトだと両手が空くのでいろいろと作業がしやすくなります．できれば明るさ調節ができるものがよいでしょう．電池の消耗を考えると，少し高額でもLED式がおすすめです．

ペンライト

　カメラを操作するときに使いますが，赤いセロファンなどで減光してあるとなお可です．暗闇に慣れた眼には，わずかな光でもまぶしく感じるからです．

コンパス

　昼間，あるいはまだ北極星を探すのに慣れていない人が，方角を確認するのに使います．

星座早見盤

　見えている星座の位置や，星座が昇ってくる時間，沈む時間を調べるのに便利です．近年では天文シミュレーションソフトがとって替わろうとしています．

よく使う工具類

　望遠鏡の組み立てや，万一のトラブルに備えて用意しておくとよいでしょう．

小型の双眼鏡

　撮影の合間に星をのんびり眺めたり，星雲や星団の位置を確認したりするのにも便利に使えます．

天文雑誌

　天体写真の撮影のための最新情報や，天体望遠鏡販売店の広告も数多く載っています．撮影に出かける道中や，休憩のときなどに眺めるとよいでしょう．

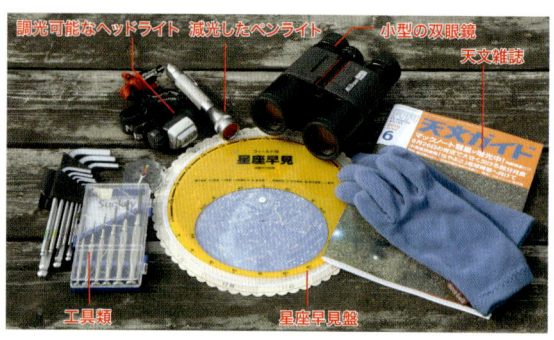

撮影するときの服装

　天体写真の撮影は，基本的に「夜」，「あまり動かずに」，「視界のよい屋外（＝風当たりが強い）」，それも「星がよく見える場所（＝標高の高い場所が多い）」で撮影することが多いです．よって夏場でも長袖長ズボンがよいでしょう．日食など昼間に太陽を撮影する場合は，極度の日焼けを避けるため帽子や長袖の上着，日焼け止めクリームは必須．冬場は寒さに耐えるためにダウンの上着が定番ですが，撮影環境に合ったものを選んでください．

夏の服装の一例
夏とはいえ，夜は思いのほか冷えることがあります．夜道で転んでしまったり，虫に刺されることも考えて，長袖長ズボンを用意したほうがよいでしょう．

冬の服装の一例
冬場の撮影は寒さが身にしみます．ちょっと大げさかも，というくらいの防寒の準備でちょうどよいでしょう．手袋や耳が隠れる帽子もお忘れなく．

第2章
天体写真の基本
固定撮影

　天体写真の始めの一歩は「固定撮影」です．固定撮影は，カメラ本体とレンズのほかに，しっかりした三脚，そして若干の周辺機材があればすぐに撮影を始めることができます．

　それは昼間の風景写真をじっくり撮るのとほとんど変わりありません．さしずめ夜の風景写真といった感じでしょう．

　実際の撮影にあたっては，p.44以降を見ていただくとして，まずは用意するものについて解説します．固定撮影は，すべての天体写真の基本になる撮影方法です．しっかりマスターしましょう．

沈みゆくしし座と火星，土星
24mm　絞りF4.5
露出10分　ISO200
星の軌跡を残しつつ，星座の形がわかるように，露出時間は10分としました．

天体写真の基本――固定撮影 2

カメラ（一眼レフタイプ）
一眼レフタイプがおすすめです．長時間露出や高感度の設定をしてもノイズの少ない機種が，天体写真の撮影には有利です．

水準器
カメラを水平に設置するときに使います．暗闇でファインダーをのぞきながら水平出しをするのはむずかしいので，あると便利です（かならずしも必要ではありません）．

レンズ
明るい広角レンズがおすすめですが，一眼レフカメラと最初にセットで販売されている，レンズキットのズームレンズでも大丈夫です．

レンズフード
レンズ前面に取り付けて，夜露や迷光の防止，レンズの保護に使います．

リモートスイッチ（レリーズ）
露出時間の長い天体写真撮影では，ブレを防ぐために，直接カメラに触れずシャッターを切ることができるリモートスイッチ（レリーズ）が必需品です．

雲台
三脚に取り付け，この上にカメラを固定します．固定撮影には，縦方向と横方向，左右に動かすことのできる3ウェイ式が使いやすいと思います．微動装置付きや自由雲台などもあり，好みに合わせて選びましょう．

三脚
できるだけしっかりしたものを使うようにしましょう．ただし，あまり重いと持ち運びもおっくうになります．ぐらつきがないかなども含め，実際に手にとってみて自分に合ったものを選んでください．

準備するもの——レンズ

　天体写真の被写体"星"はカメラレンズにとって非常にやっかいです．というのは，星は無限遠にある点光源ですから，レンズの性能テストをしているようなものだからです．また，背景が均一な夜空ですから，レンズの周辺減光も目立ちます．しかし画素数が増えたデジタルカメラに対応した最新のレンズは，天体写真を撮影しても好結果が得られることが多いです．まずはレンズキットに付いてきたレンズで構いません，星空に向けてシャッターを切ってみましょう．

ズームレンズ

　まだフィルムカメラのころ，天体写真の世界では，ズームレンズは「便利だけど画質が悪い」というのが一般的でした．確かに，開放F値や結像性能から，積極的に天体写真に使いたいと思えるものではありませんでした．しかしデジタルカメラ全盛の今日，ズームレンズは飛躍的な性能の向上をはたしました．最新設計の超広角ズームレンズや開放F値が2.8クラスの明るいズームレンズは，一昔前の単焦点レンズよりもずっと結像性能がよいくらいです．あえて単焦点レンズよりも劣る部分を探せば，同じ開放F値なら周辺減光が大きめだとか，歪曲収差が多めだとか，

ゴーストが出やすいということくらいでしょう．便利で結像性能もよい今日のズームレンズは，ぜひ天体写真にも積極的に使いましょう．

レンズ専門メーカーのレンズ

　これもまたデジタルカメラがなかったころ，レンズ専門メーカーのレンズは「安価だけど性能はいまひとつ」ということで，やはり天体写真の世界では敬遠されがちでした．しかし，レンズ専門メーカーのレンズも今やカメラメーカー純正品に劣ることはなく，むしろ純正品にはない，特色のあるレンズも多くラインナップされています．全周魚眼レンズや開放F値がズーム全域でF2.8のAPS-Cサイズセンサー用超広角ズームレンズ，開放F値が2.0のマクロレンズなど，天体写真に使ってみたい製品が多数あります．

レンズまわりで用意したいもの

　レンズまわりでぜひ用意しておいた方がよいものの一つはレンズフードです。レンズフードには，迷光を防止し，レンズを保護してくれるので，必ず装着するようにしましょう。さらに天体写真の撮影では，レンズへの結露の防止にもなります。しかし湿度の高い夜は，レンズフードだけでは夜露を防止しきれません。

　そこで2つ目としてカイロをあげておきます。「レンズにカイロ？」と思われるかもしれませんが，結露を防止するには，暖めてあげるのがもっとも効果的だからです。ただし，入手しやすい使いきりタイプのカイロは，気温が低いときにはすぐに冷めてしまい，役に立ちません。そこで昔ながらの木炭を燃やすタイプのカイロの出番です。このタイプのカイロは登山用品店のほか，カメラ量販店でも扱っていることがあります。

いろいろなレンズフード
レンズには専用のフードが用意されており，付属品となっている場合と，別売品になっていて別途購入しなければならない場合があります。

フードの装着
レンズにフードを装着する際，誤ってフードをレンズの表面にぶつけたり，指でレンズの表面をこすったりしないよう気を付けてください。レンズ表面の反射防止コーティングはデリケートです。

木炭を燃やすタイプのカイロ
気温が低いとき，木炭を燃やすタイプのカイロがなんといっても効果的です。使いきりカイロは手軽ですが，体に着けていないとすぐに冷えてしまいます。

カイロをレンズに抱かせる
カイロをレンズに抱かせるには，ゴムバンドやマジックテープを利用します。サイクルバンドなどは伸縮性もあって便利です。

普及レンズと高級レンズ

　交換レンズのカタログを眺めてみると，同じ焦点距離のレンズでもびっくりするくらい値段が違うことがあります。よく見ると，値段が高い高価なレンズの多くは，開放F値が明るい，ということに気が付くと思います。また，あえて高価なレンズを選ぶユーザーの使い方から，耐久性が高められていることも多いです。天体写真の場合，レンズが明るいということは，以下のような多くの利点があります。

・ファインダー像が明るく，被写体を確認しやすい
・ライブビューでのピント合わせの際，星が

たくさん映るのでピント合わせしやすい
・短時間で露出が終わるので撮影の成功率が高く，撮影効率がよい
・短時間で露出が終わるので，長時間露出に起因するノイズの影響が少ない

　もしも予算的に余裕があれば，ぜひ開放F値の明るいレンズを入手してください。

焦点距離による画角の違い

　天体写真では撮りたいイメージに合わせて，レンズの焦点距離を選ぶことになります．ここでは小型赤道儀でのガイド撮影でも撮影しやすい8mm～135mmまでの各焦点距離のレンズの作例を掲載しました．徐々に焦点距離の長いレンズでねらっています．
　ところで，本書ではレンズの焦点距離を35mm判フルサイズのイメージセンサーを用いたカメラの場合にはそのまま，それ以外の撮像素子を用いたカメラの場合には，35mm判フルサイズのイメージセンサーを用いたカメラの画角に相当する焦点距離で表記しており，「○○mm相当」と記載しています．

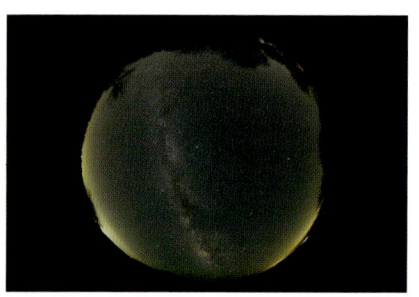

8mm全周魚眼レンズ

「全天カメラ」として用いられるレンズです．見上げている星空全部が写るのが，ほかのレンズにはない大きな特徴です．一般撮影に用いてもおもしろい効果が得られるのですが，よい写真を撮るには，使いこなすのが少々むずかしいレンズかもしれません．

15mm対角魚眼レンズ

　対角で180°の画角が得られる魚眼レンズです．8mm全周魚眼レンズにくらべると，ずっと一般的な写真に使いやすくなります．天体写真でも，とくに広い画角が欲しいときに重宝しますが，カメラの仰角によって地平線が歪む独特の写りをどう感じるかで好みが分かれます．

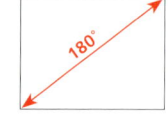

16mm超広角レンズ

　焦点距離は対角魚眼レンズとほぼ同じですが，その描写は直線が歪む魚眼レンズとはまったく異なり，地平線はまっすぐに写ります．対角で108°と広い画角が得られ，季節の星座をまとめて写したり，満天の星空を横切る天の川の流れを写すのに適しています．

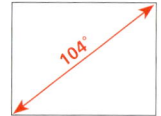

天体写真の基本──固定撮影

24mm広角レンズ

対角で84°の画角は使いやすく、大きめの星座でもたいていは難なく収まりますし、地上の景色をある程度画面に入れた写真も撮りやすいです。このくらいの焦点距離のレンズは、ズームレンズでも単焦点レンズでも構いませんから、1本はぜひ用意しておきたいものです。

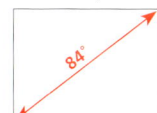

35mm広角レンズ

広角レンズに分類されますが、天体写真の中で、星座の写真を撮るための「標準」レンズといってよいでしょう。大きな星座は収まらないこともありますが、たいていの星座はほどよく画面に収まります。対角63°と、一般撮影でもちょっと広めの標準レンズとして使いやすいレンズです。

50mm標準レンズ

対角46°の焦点距離50mmのレンズは、長らく「標準レンズ」と呼ばれてきました。自然な遠近感が得られ、明るいレンズを作りやすいなどの特徴がありますが、近年はズームレンズにその座を明け渡しています。星空の撮影には少し狭いと感じるかもしれません。

135mm望遠レンズ

小型の赤道儀に載せて使う望遠レンズとしては、100〜200mmくらいまでが使いやすいでしょう。対角18°の135mmくらいになると、大きめの星雲や星団もしっかりと写ります。このクラスのレンズで、まずは代表的で明るいメシエ天体をねらってみてください。

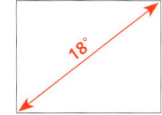

用意するもの——三脚

　天体写真の撮影において，カメラやレンズと並んで重要なのが三脚です．星空の撮影では，数秒から数十分，場合よっては1時間を超える露出を行ないます．そのため，少々の風でも揺れたりしない丈夫な三脚が必要になります．具体的には「中判カメラ向け」のものがおすすめです．しかし丈夫な三脚はその分重くなります．三脚は重さで安定感を保っているような面がありますので，しっかりした三脚＝重い，という図式はやむをえないものです．

　一方で，公共の交通機関で撮影に出かけたり，山歩きをする人に人気があるのが，脚部の素材にカーボンを用いた軽量な三脚です．カーボン製の三脚は確かに軽く，剛性は金属製の三脚と変わりませんから，少々高価でもとても魅力的です．そこで，軽量な三脚を使う場合には，撮影現場で重くする工夫をするのもよいでしょう．市販品では「ストーンバッグ」というものがあります．これは三脚の下部に装着し，そこに身の回りの重量のあるものを入れたり，石を入れたりすることによって，三脚の安定感を増すものです．

　また，多くの三脚は，脚部本体と雲台部分に分けることができ，好みの組み合わせが可能です．三脚としての強度は脚部でほぼ決まりますが，操作性は雲台によってほぼ決まります．

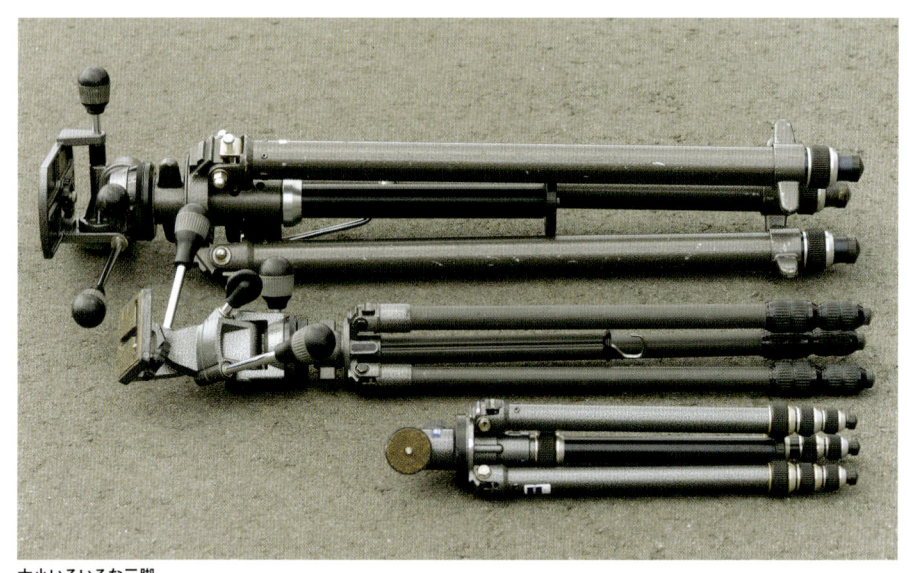

大小いろいろな三脚
上から大判カメラ向け三脚，軽量なカーボン製三脚，35mm判カメラ向けの小型三脚です．天体写真の撮影には，できるだけ大型でしっかりした三脚を使いたいものですが，可搬性との兼ね合いで選ぶことになるでしょう．脚部の素材にカーボンを使ったタイプは，軽量なのが魅力ですが，少々高価なことがネックなのと，できれば撮影現場で重くする工夫をした方がよいでしょう．

いろいろな雲台

雲台とは，カメラと三脚本体の間に入れ，カメラを自由な方向に向けて固定することのできる装置です．天体写真に使えるものとしては，おおまかに，3ウェイ雲台（スチル雲台，パンヘッドなどと呼ばれることもある），微動装置付き雲台（3ウェイ雲台の各軸に微動装置が付いたもの），自由雲台（ボールヘッドとよばれることもある）があります．

3ウェイ雲台は，高さ・横方向・斜め方向に動く3軸を有し，高さ方向と斜め方向にはパン棒と呼ばれるクランプを兼ねたハンドルが，横方向には単独のクランプを持つものが多いです．固定撮影の構図決めにはとくに使いやすいですが，赤道儀に載せて使う場合は，パン棒が干渉してしまうことがよくあります．

微動装置付き雲台は，構図の微調整に抜群の効果がある反面，大きく動かすのに手間がかかります．このタイプで大型のものは，ポータブル赤道儀に載せるのに好都合です．

自由雲台は1つのクランプでどの方向にもカメラを動かすことができ，素早く構図を決めるのに便利です．また構造上雲台自体がコンパクトで突起物がないため，赤道儀の上にカメラを載せる場合に使いやすいタイプです．

ストーンバッグ
軽い三脚の安定性を増すために，ストーンバッグを使うという方法もあります．撮影現場で大きな石を捜して載せてもよいのですが，交換レンズや双眼鏡など，地面に置きたくないものを載せてもよいでしょう．

あると便利な周辺機器

予備のバッテリー
天体写真の撮影では、一般撮影にくらべバッテリーの消耗がいちじるしく速く、冬の時期などは数枚撮影しただけで、バッテリーが弱ってしまうことがあります。予備のバッテリーは必ず用意しておきましょう。最低でも1個予備バッテリーを用意しておくと安心です。

メモリーカード
メモリーカードは容量の大きなものを入手しておきましょう。容量が大きいほど多い枚数を撮ることができます。とくに記録画質をJPEGではなくRAWで撮る場合は画像データが大きいため、メモリーカードの容量と書き込み速度は重要です。また、予備のメモリーカードは用意しておきたいものです。

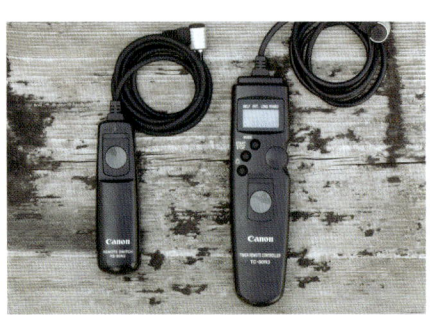

リモートスイッチ
カメラのシャッターボタンを直接指で押すとカメラがぶれたりするので、リモートスイッチとよばれる外付けのスイッチを用意します。リモートスイッチには、カメラのシャッターボタンを押すのと同じ役割をはたすスイッチと、そのスイッチを押した状態でロックできるようになっているのです。機種によってはタイマー内臓の高機能型リモートスイッチがあり、バルブの露出時間や撮影枚数、インターバルや撮影開始の時間などを設定できるようになっていて非常に便利です。

アングルファインダー
天体写真の撮影では、カメラを天頂方向に向けることがあり、このようなとき、アングルファインダーがあるととても見やすくなります。アングルファインダーによっては倍率が切り替えられるようになっているものもあり、月や惑星の撮影の際に便利です。

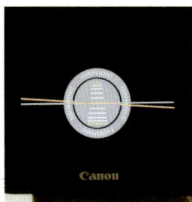

水準器
地上の風景を入れて撮影する際に水準器があると便利です。暗闇でのカメラの水平出しは意外とむずかしいものです。水準器は液体の中に気泡が入っているもの(写真左)が一般的ですが、最近ではLED式のもの(写真中央)もあります。また、カメラ本体に水準器が内蔵されている機種(写真右)も増え便利になりました。

ぜひ知っておきたい光害源の特性

天体写真の大敵，光害．光害は人間の活動によって発生するため，ある程度はやむを得ないものですので，上手に付き合うしかありません．光害の源である光源はいろいろな種類がありますが，それぞれどんなものでしょうか．各光源を分光したスペクトルを見ると，それぞれの特性がよくわかります．

各スペクトルの左端は約400nm，右端は約700nmです．撮影に使用しているカメラの関係で，長波長側は670nm程度までしか写っていません．波長の間隔は一定ではなく，長波長側ほど詰まって写っています．

水銀やナトリウムの輝線のみをカットする「光害カットフィルター」は，光害の影響を減らしてくれる頼もしいフィルターですが，光源によって効果が異なるのです．

光源別スペクトル写真からわかるように，水銀灯や低圧ナトリウム灯のような輝線スペクトルで構成される光源は光害カットフィルターの効果が大きいのですが，蛍光灯や高圧ナトリウム灯に対しては，効果はありますがやや少なく，白熱電球や自動車のハロゲンヘッドランプなどには効果がないことがわかります．

光源別スペクトル

	太陽	比較のための太陽光スペクトル．連続スペクトルの中に，黒い吸収線がたくさん写っているのがわかる．
	白熱電球	白熱電球．きれいな連続光で短波長の強度は低く，長波長の強度が高いために，暖かみのある色調となる．安価だがエネルギー効率が悪いため，徐々に減っている．
	蛍光灯	蛍光灯．連続光の中に水銀の輝線の存在がわかる．蛍光灯の種類によっては，スペクトルの様子は少々異なる．事業所や一般家庭，屋外の防犯など幅広く使用されている．
	水銀灯	水銀灯．スペクトルは見事に水銀の輝線のみで構成されている．工場や道路灯に多く用いられ，水銀灯が主体の光害は緑色にかぶる傾向にある．光害カットフィルターがとてもよく効いてくれる光源．
	高圧ナトリウム灯	高圧ナトリウム灯．特徴的なスペクトルを示し，低圧ナトリウム灯では輝線となる波長が吸収線となっており，その周辺の波長の強度が高い．道路灯として増えており，高圧ナトリウム灯が多いとオレンジ色にかぶる傾向にある
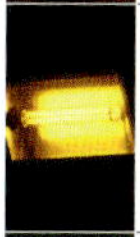	低圧ナトリウム灯	低圧ナトリウム灯．エネルギー効率は非常によいが，ほとんどナトリウムの輝線の単色光のために，色の判別が不可能に近い．トンネル内などの限られた場所にしか設置されていないため，光害源としては少ない
	ハロゲン灯	自動車のハロゲンヘッドランプ．基本的には白熱電球と同じで，きれいな連続スペクトルを示す．白熱電球よりも明るくて，色温度が高く長寿命．この中ではもっとも太陽光に近い特性を示す．

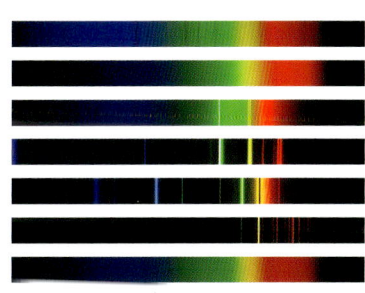

光源別スペクトル写真
上から順に太陽，白熱電球，蛍光灯，水銀灯，高圧ナトリウム灯，低圧ナトリウム灯，ハロゲン灯．

よい屋外照明

あまりよくない屋外照明

悪い屋外照明

カメラ本体の設定

　天体写真の撮影では，一般写真の撮影とは少々設定を変える必要があります．取扱説明書をよく読んで，液晶モニターの表示を見ながらボタン操作を行ないましょう．ここではp.20で例にあげた一眼レフカメラ キヤノン EOS kiss X4の画面を例に解説します．他社のカメラでも同様の設定が可能ですので，取扱説明書を参考に設定してください．

露出モード

昼間の一般撮影では，P（プログラムオート）やAv（絞り優先オート）に設定する場合が多いと思います．天体写真の撮影では，M（マニュアル），もしくはB（バルブ）に設定します．Bではシャッターボタンを押している間シャッターが開き，その間の光が蓄積されて写ります．

ISO感度

天体撮影では頻繁にISO感度の設定を変更します．固定撮影で星を点像にしたい場合はISO1600〜6400ぐらいの感度を，固定撮影で星の軌跡を残す場合やガイド撮影ではISO100〜800ぐらいの感度を，月や惑星ではISO100〜400ぐらいの感度を，星雲や星団の撮影ではISO400〜1600ぐらいの感度をよく使います．

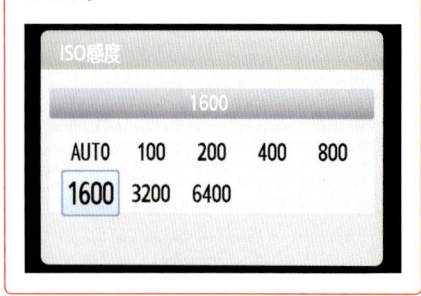

記録画質

基本はJPEGの最高画質です．撮影後の画像処理の自由度という意味では，RAWデータで記録したほうが有利ですが，撮影可能枚数が極端に少なくなり，パソコンでの画像処理が必須となります．JPEGでは自由度が低いというだけで，画像処理できないわけではありません．ちなみに本書に掲載されている天体写真の大半はJPEGで保存されたものです．（RAWデータについてはp.128参照）

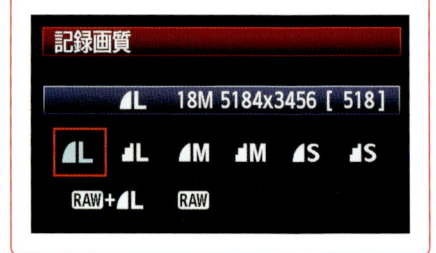

天体写真の基本——固定撮影 2

液晶モニターの明るさ

夜の暗さに目が慣れていると，カメラの液晶モニターはとてもまぶしく感じられます．そこで，液晶モニターの明るさは，一番暗くしておきます．それでも明る過ぎるなら，何らかの減光フイルムを貼っておくとよいでしょう．文房具店やホームセンター，カー用品店やカメラ量販店などに使えそうなものがあります．

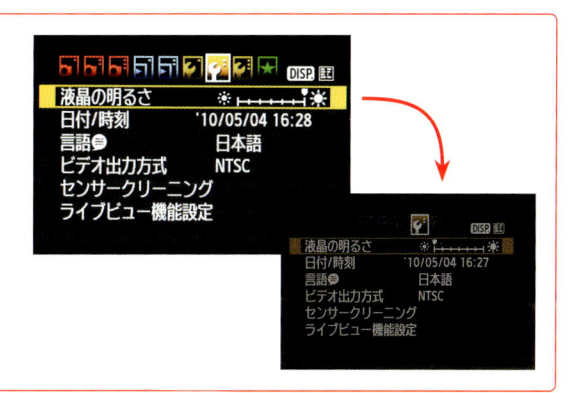

液晶モニターの色

背面液晶モニターに各種の情報が表示されるモデルでは，なるべくまぶしくない色設定にしておきましょう．とくに低価格モデルでは，コストダウンのためにこういった方式が多く採用されています．夜間の撮影のために，何らかの設定が可能になっているはずですが，明るさ調整と併用するとより効果的です．

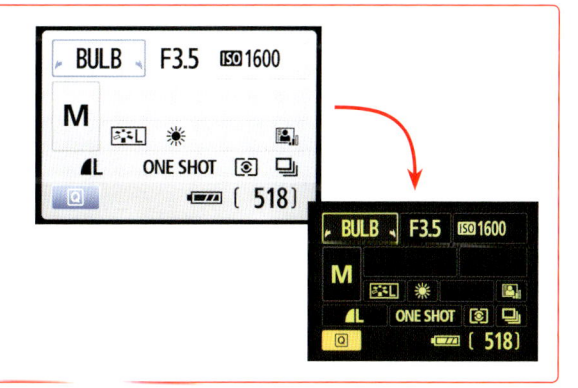

ホワイトバランス

夜空の明るさや色は，暗いためになかなか気が付きにくいのですが，撮影場所の光害の程度や空の透明度などのコンディションによってかなり変わります．よって通常はオートで問題ありませんが，薄明の空の微妙な茜色などは，デーライトのほうが再現しやすいです．

長秒時露光のノイズ低減

カメラメーカーによって呼び名が違う場合がありますが，主露光のあとに，シャッターを閉じたまま同じ時間だけイメージセンサーを駆動し，長時間露光に起因するノイズを減算することです．RAWデータで撮影し，パソコンで同じ処理をすることも可能ですが，カメラ内で行なってしまったほうが手軽です．ただし，撮影完了までには，露出時間の2倍の時間が必要となります．

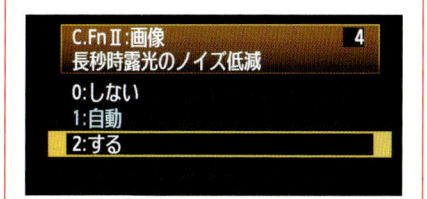

設定による画質の違い

ISO感度の違い

　デジタルカメラの大きな特長の一つに，ISO感度を自由に変えることができるということがあげられます．フイルムカメラであれば，感度の異なるフイルムを用意して，入れ替えなければなりませんでしたが，デジタルカメラなら簡単なボタン操作で低感度にも高感度にも変更可能です．しかし感度設定を高くするほど，画像が粗くなるのはフイルムと同じです．

　この作例では，ISO感度を400から6400まで変えて撮影しています．ISO1600くらいまでは画質の悪化は緩やかですが，ISO3200，ISO6400と急に画質が悪くなっています．こうした特性はカメラによって異なりますが，天体写真にはできるだけ高感度の画質のよい機種の使用が望ましいです．本来，高感度での画質は画素数とは相反するものですが，ノイズ低減技術の向上により，画素数を上げつつ高感度特性も保っているのが現状です．

ISO400　露出16分

ISO800　露出8分

ISO1600　露出4分

ISO3200　露出2分

ISO6400　露出1分

しし座の銀河 NGC3628
1075mm相当の天体望遠鏡を使用　F5.6　部分トリミング

ホワイトバランスの違い

　天体写真の撮影で，ホワイトバランスはどうすればいいでしょうか？　特別な効果をねらわない限り，たいていはオートかデーライトでよいでしょう．夜空の色は，人間の眼には黒もしくはグレーですが，光害のない場所では夜光（やこう）の影響によりわずかに赤くなります．光害がある場所では，水銀灯や蛍光灯が主体なら緑色に，高圧ナトリウム灯が主体ならオレンジ色になります．

　いずれにしても，レタッチソフトを使って色調整することをおすすめします．

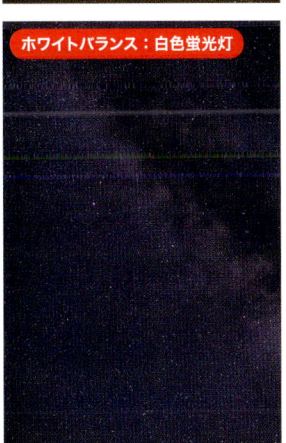

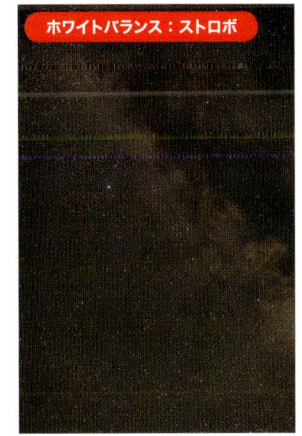

ホワイトバランス：オート

ホワイトバランス：デーライト

ホワイトバランス：くもり

ホワイトバランス：日影

ホワイトバランス：白熱電球

ホワイトバランス：白色蛍光灯

ホワイトバランス：ストロボ

わし座
50mm　F2.0　露出1分　ISO800

レンズの設定

　天体写真の撮影では，レンズの設定を「マニュアルフォーカスに切り替え」，「手振れ補正をOFF」して撮影するのが基本です．

　フォーカスモードは，オートフォーカスのままですとカメラがピントを迷ってしまい，ピントが合わずにシャッターが切れません．まれにシャッターが切れることがありますが，たいていはピンボケとなります．星は夜空にまばらにあるのと，ピントを合わせるだけの明るさがないためです．

　ピントが合ったら，ピントリングが動かないように，テープ（「パーマセルテープ」がおすすめです）を貼ってしまえば安心です．まれにズームリングがレンズ自体の重みで動いてしまうものもありますので，併せてズームリングもテープで留めれば万全です．

フォーカスモードはAF（オートフォーカス）からMF（マニュアルフォーカス）に，手振れ補正はONからOFFに，忘れずに切り替えましょう．

レンズ交換の際は，ボディを下向きにしてマウントから埃が入らないよう注意しましょう．風が強い日の屋外でのレンズ交換も避けたいものです．

ピント合わせが完了したら，うっかり動かないようにテープで留めてしまえば万全です．テープは，はがしたときにべたつかない「パーマセルテープ」がおすすめです．カメラ販売店などで入手可能です．

手振れ補正をOFFにし忘れると，露出中に手振れ補正ユニットが誤動作し，星が変な方向に動いてしまうことがあります．日周運動とは違う方向に，それも画面内で異なる方向に動いて写ったり，星が飛び跳ねたように写っていたら，手振れ補正の動作を疑ってください．

ピント合わせ

　天体写真のピント合わせは，慣れないうちは厄介なものです．撮影対象が暗いために，オートフォーカスでピントが合うことはほとんどなく，マニュアルフォーカスでピント合わせをしなければなりません．

　マニュアルフォーカスでのピント合わせは，レンズから入った像を液晶モニターに直接表示する"ライブビュー機能"を使うのが最も簡単かつ確実な方法です．最初のうちは，液晶モニターが見やすい水平方向にある防犯灯や街明かり，あるいは金星や木星などの明るい星がある空に向けて，ピント合わせの練習をするとよいでしょう．ただし，超広角レンズや魚眼レンズでは，そのレンズ口径の小ささから集光力が足らず，星が写りにくいことに注意してください．

　ライブビュー機能のないカメラでは，光学ファインダーをのぞいてファインダースクリーンである程度ピントを合わせたら，短い露出時間でテスト撮影をくり返しながら，ピントの確認をして無限遠に合わせます．テスト画像は　必ず拡大表示してピントを確認します．

距離目盛のあるレンズとないレンズ

カメラレンズのピントリングを回してピントを合わせます．

天体望遠鏡でのピント合わせ

ライブビュー画面（キヤノンEOS KissX4の例）

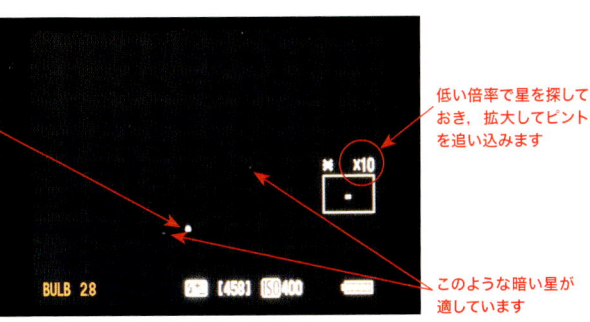

ピント合わせに使う星は，このような明るい星（＝広がって見える星）ではなく

低い倍率で星を探しておき，拡大してピントを追い込みます

このような暗い星が適しています

絞りの効果について

　天体写真ではF値の明るいレンズが有利であることはすでにのべました．では，実際の撮影ではどうでしょうか？　実は，レンズの絞りを開放にした状態で撮影することはあまりありません．というのも，レンズを開放で使用した場合，画面中心でも星像が甘く，さらに画面周辺部分では星像が大きく崩れるとともに，中央部にくらべ周辺部が暗くなる周辺減光も目立つため，絞りを少し絞って使うことになります．ここでは50mmF1.2という明るいレンズを例にとって，絞りの効果を見てみましょう．

　絞りF1.2（開放）〜F1.4では中心像は甘く，周辺の星像も大きく崩れています．また周辺減光も目立ちます．

　F2.0で星像は急によくなり，F2.8では画面の四隅ではまだ少し星像が崩れていますが，画面の大半はよい像となり周辺減光もわずかです．

　F4.0まで絞ると全面にわたって良像となりますが，せっかく開放F値が1.2のレンズをF4.0まで絞るのももったいないため，このレンズの場合には画面の四隅は我慢して，F2.0〜F2.8くらいで使うのがよい使い方かもしれません．

　お手持ちのレンズでも，絞りを変えて星像や周辺減光がどう変化するか，ぜひ試してみてください．

絞りF1.2開放とF4.0まで絞ったときの絞りの様子

　F1.2開放で，レンズの正面から見た様子では，開口部はきれいな円形をしています（左上）．しかし画面の周辺部に映る方向つまり斜めからレンズを見ますと，口径食とよばれる現象のために，開口部の面積はレモン形になって大きく減ってしまっているのがわかります（右上）．これが周辺減光の原因です．

　しかし絞りをF4.0まで絞ると，正面から見ても斜めから見ても，ほぼ同じ面積になりました（左下，右下）．このため周辺減光も解消するのです．手持ちのレンズで試してみてください．

Column

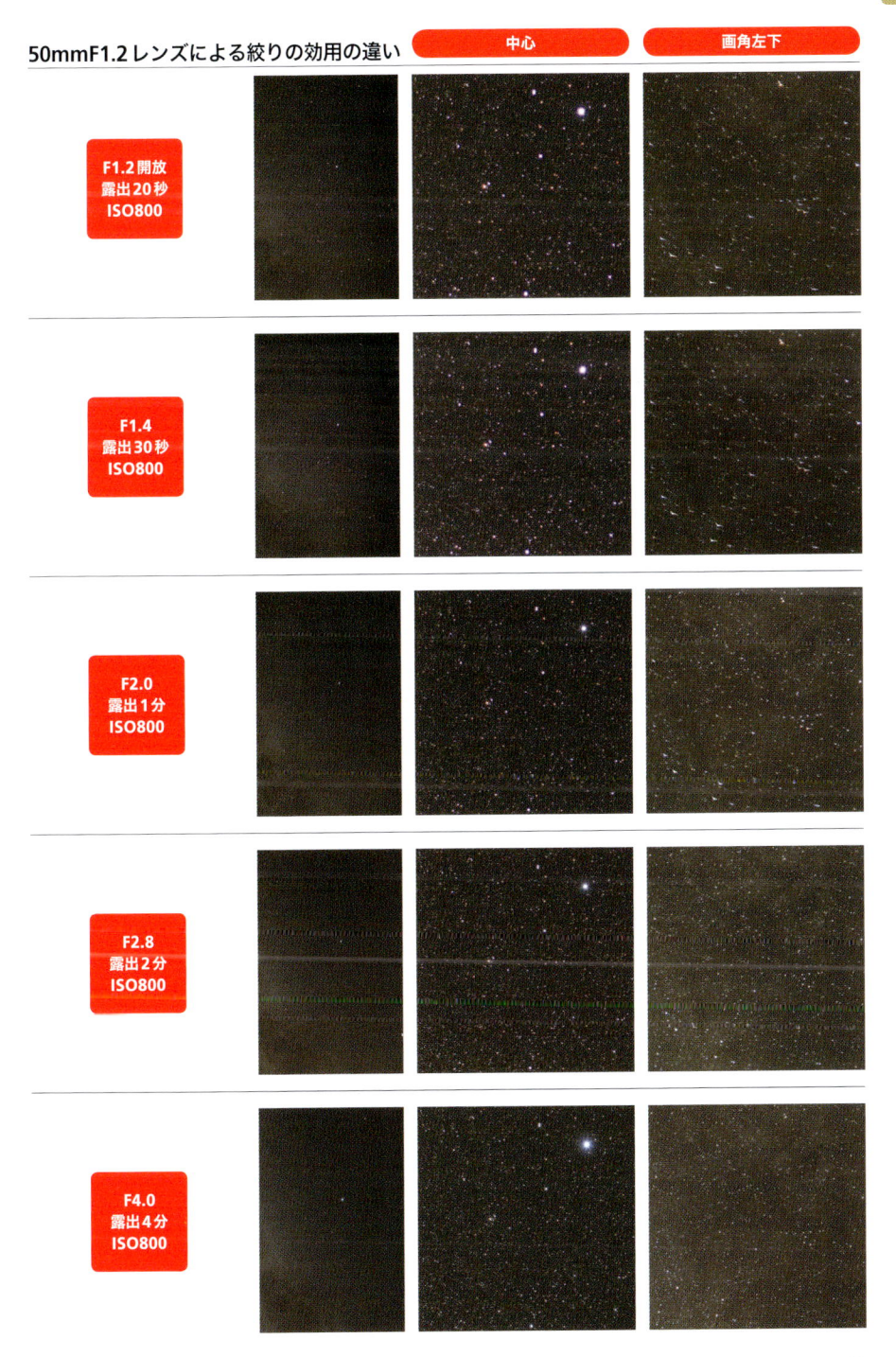

50mmF1.2レンズによる絞りの効用の違い

	中心	画角左下
F1.2 開放　露出20秒　ISO800		
F1.4　露出30秒　ISO800		
F2.0　露出1分　ISO800		
F2.8　露出2分　ISO800		
F4.0　露出4分　ISO800		

固定撮影の準備

　固定撮影をするための準備はとても簡単です．一般の風景写真をていねいに撮るように，三脚にカメラを固定するだけで，あとは若干の周辺機器があればOKです．三脚は少しくらいの風でぶれたりしない，丈夫なものを使いましょう．三脚を設置する場所は，地面がしっかりしており，加えてできるだけ平らな場所がよいですが，やや傾いているくらいならば，三脚の脚の長さを調整したりして対処できます．水準器などを使って，カメラが傾いていないかどうか確認しましょう．

　撮影の準備では，場所選びも重要です．風景と一緒に撮るのならばとくに，明るいうちに下見をしておきたいものです．

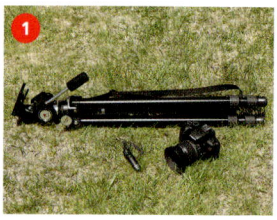

① 三脚とカメラ（レンズとレンズフードも付けてある），リモートスイッチを用意する．

② 必要に応じて三脚を伸ばす（三脚は太い方から伸ばす）．

③ 撮影場所に三脚の脚をしっかりと開いてセットする．

④ 雲台にカメラを載せる．このときカメラが雲台にしっかり止まっているか確認する．

⑤ リモートスイッチを取り付ける．

⑥ モードダイヤルをM（マニュアル）に変更し，シャッター速度と絞り値をセットすれば準備完了．

⑦ 必要に応じて水準器を取り付ける．

天頂付近を撮影する場合は，雲台に対してカメラを逆に取り付けた方がよい．

固定撮影の手順

準備ができたら，三脚やカメラにぐらつきがないか再度確認し，いよいよ撮影です．

1

充分に遠くの街明かりや明るい星を使って，ピントを合わせる．

標準レンズや望遠レンズの場合はライブビュー画面でも星が確認しやすいが，超広角レンズや魚眼レンズではまったく星が確認できないこともある．そうした場合には，レンズの距離環の無限マークを指針に合わせて短い露出時間でテスト撮影をくり返し，ピントを合わせる．

2

ピント合わせがすんだら，目的の対象に向けて構図を合わせる．

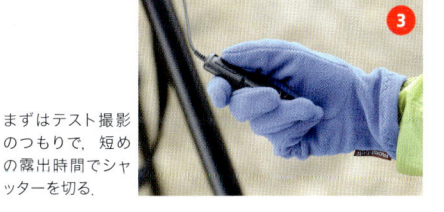

3

まずはテスト撮影のつもりで，短めの露出時間でシャッターを切る．

4

露出が終わったら画像を液晶モニターで確認し，構図や露出時間の調整を行なう．

5

すべての調整が終わったら撮影開始．

露出時間と星の軌跡の関係

　固定撮影では，露出時間が短いと星は点像に，露出時間が長くなるほど星の軌跡は長く写ります．星を点像に写すためには，必然的に絞りを開けて，ISO感度を高く設定します．逆に，露出時間を長くするには，絞りを効かせ，ISO感度は低く設定します．

　星を点像に留めた写真は，星座の形を示すのに適していますし，何よりも見た目に近い星空となります．この様な撮影では，開放F値の明るいレンズが有利です．

　星の軌跡が長くなると，目で見た星空とは違いますが，固定撮影での長時間露出の独特の美しさがあり，星の動きを示す教育的な写真にもなります．

　どの程度，星の軌跡を長くしたいかはあらかじめ決めておくとよいですが，迷ったらいろいろな露出で撮影してみるとよいでしょう．あとでゆっくり画像を見直してみると，あんがい期待していた露出時間ではないカットが気に入ったりするものです．

星を点像に写すためのおよその限界露出時間

レンズの焦点距離	赤緯				
	0°	20°	40°	60°	80°
16mm	19秒	19秒	24秒	38秒	110秒
24mm	13秒	13秒	15秒	25秒	74秒
35mm	9秒	10秒	11秒	18秒	50秒
50mm	6秒	6秒	8秒	12秒	35秒
75mm	4秒	4秒	5秒	8秒	24秒
100mm	3秒	3秒	4秒	6秒	18秒
135mm	2秒	2秒	3秒	4秒	13秒

※撮像素子の中央で，星の移動量が20μmに達する時間

コンパクトタイプのデジタルカメラ

　コンパクトタイプのデジタルカメラで星を写すには，バルブである程度の長時間露出が可能な機種を選ばなければなりません．また，撮影後に画像処理で画質を改善させるため，画像処理の自由度が高いRAW形式での画像保存ができれば，なお可です．

　コンパクトタイプは一眼レフタイプとくらべると，とても小さな撮像素子が使われています．そのため1つのピクセルの大きさがとても小さく，星のような微弱な光をとらえるのにはとても非力です．天体の中には，コンパクトタイプのデジタルカメラでもよく写る対象があります．たとえば，夕焼け空に三日月が浮かんでいるようなシーンです．また，月や惑星のように明るい対象なら，コリメート法という撮影方法を用いて撮ることも可能です．

2 天体写真の基本——固定撮影

東の空に昇ること座とはくちょう座 （**24mmレンズで撮影，左右をトリミング**）

露出10秒
絞りF2.8　ISO3200

露出1分
絞りF2.8　ISO500

露出5分
絞りF4　ISO200

露出20分
絞りF5.6　ISO100

夜空の明るい場所，暗い場所

撮影地：東京都23区内の住宅地
―肉眼では2等星まで見える

　東京23区内の住宅地での撮影です．露出わずか15秒でも背景はかなり明るくなっており，露出1分では完全な露出オーバーです．露出2分ではほぼ真っ白となってしまいました．すべて強烈な光害の影響です．

撮影地：標高1000m以上の山中
―肉眼では6等星近くまで見える

　地平線方向は街明かりの影響があるものの，天頂付近は6等星近くまで見える，よい環境です．さすがに暗い星まで写っており，露出8分でようやく露出オーバー気味となりました．

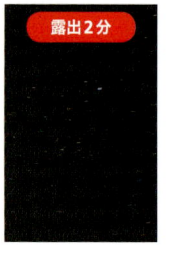

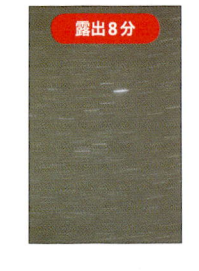

2 天体写真の基本——固定撮影

　天体写真の撮影には夜空が暗くて星がよく見える場所が適しています．それでは，夜空の明るさは天体写真の写りにどのくらい影響するのでしょうか？　そこで，80mm相当のレンズを使い，天頂付近で見えていたこと座をISO感度400，絞りF4.0の同一条件で撮影した写真で比較してみましょう．

　写真を見ていただければ一目瞭然ですね．街明かりなどの光害の影響は大きく，強い光源が近くにあると画面内にゴーストも出やすくなります．月明かりの影響や街明かりの影響もあることがわかります．また，半月程度の月明かりがある場合には，地上の景色と星を一緒に写し込むこともできます．

撮影地：標高1000m以上の山中——上弦の月があり，肉眼では5等星近くまで見える

　被写体から90°強離れている位置に上弦の月があり，5等星が見えるかどうかという条件でした．背景は青くかぶっていますが，露出2分くらいまでなら意外とよい結果です．

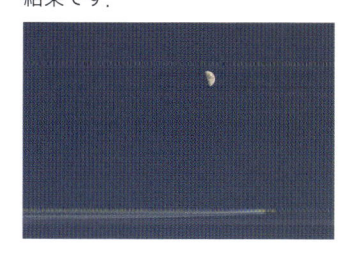

撮影地：標高1000m以上の山中——満月の月明かりがあるが，天頂では3等星まで見える

　満月と被写体の離角は60°ほど．満月の地平高度が低かったのが幸いし，天頂付近では3等星が楽に見えていました．それでも露出1分で背景はかなりかぶっています．

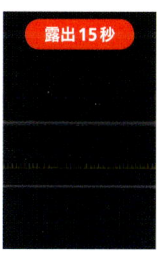

撮影時刻と夜空の明るさ

　日本国内で天体写真を撮影するなら，光害と上手に付き合わなければなりません．光害が皆無の場所で撮影できるのなら考えなくてよいことですが，そのような場所は日本国内には本当にわずかしかありません．ほとんどの場所では，多かれ少なかれ光害の影響を受けることになります．

　光害は人間の夜の活動から発生しますので，人々が寝静まる深夜になると減ってきます．夜空の状態を定点観測していると，宵の口は光害が多く，夜更けとともに夜空が暗くなり，23時から24時くらいになると，かなり光害は少なくなることがわかります．

　光害が皆無…とまでいかなくても，できるだけ少ない場所へ撮影に行くのがよいのはもちろんですが，どうしてもそれほどよい場所に撮影に行けないのなら，せめて夜半過ぎに撮影をするのがよいでしょう．また，年間を通してだと，年末年始とお盆休みの時期は光害が少なくなります．また，郊外にある強烈な光害源として，夏場なら野球場やサッカー場の照明があります．これらは夜遅くなると消えるのですが，冬場のスキー場の照明は一晩中点いていることが多くて困りものです．

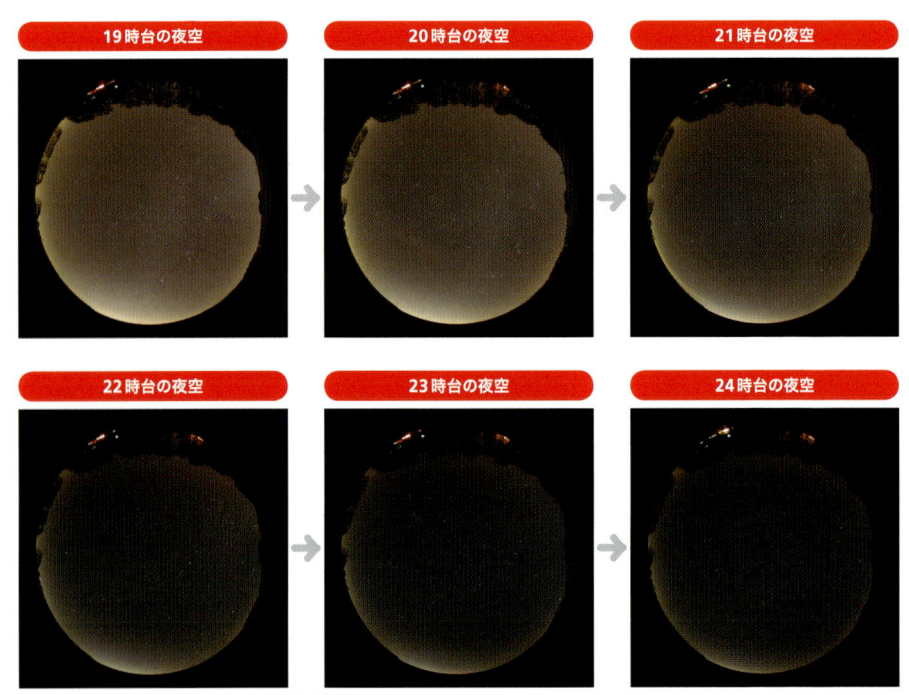

時間経過による光害の量の変化（3月初旬撮影）
8mm全周魚眼レンズ　絞りF4　露出1分　ISO3200　撮影：中口勝功

天体写真の基本——固定撮影 **2**

星の動き

地球が自転しているために起こる「日周運動」による星空の動きを理解することは，天体写真撮影の構図決めに必須です．ここで今一度確認しておきましょう．
なお，下の魚眼レンズで撮影したものは露出20分，ほかは各1時間となっています．

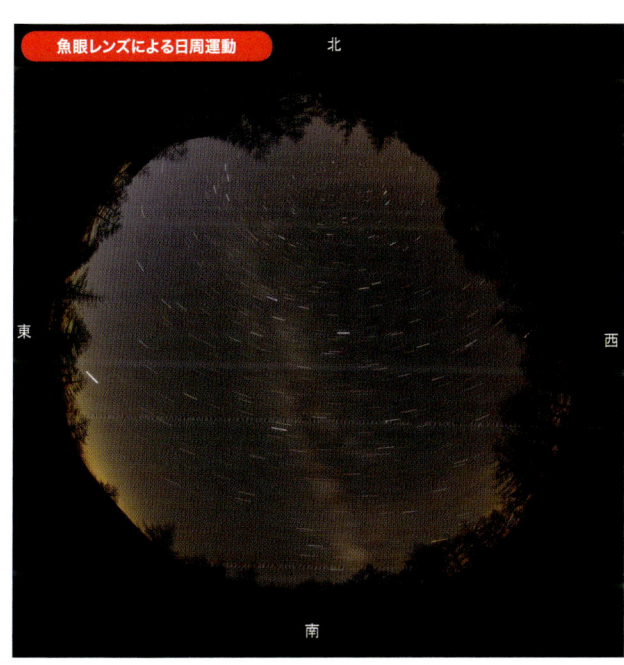

魚眼レンズによる日周運動

北 / 東 / 西 / 南

北半球の中緯度地域で，全周魚眼レンズを使用して日周運動の撮影を行なうと，この写真のように写ります．どの方角の星がどう動くか，下の写真とあわせて確認してください．

東の空
地平線から昇った星ぼしは，右斜め上方向に向かって動いていきます．

西の空
西の空にある星ぼしは，右斜め下方向に向かって動いていきます．

南の空
地面と平行に，星ぼしは左から右に動いていきます．長い時間の露出を行なう場合には，あらかじめ対象をやや左にふっておきます．

北の空
撮影場所の緯度と同じ高さに，北極星があり，ほぼ北極星を中心に，星ぼしは反時計回りに回転していきます．

固定撮影による作例

唐松林と星空
24mm　絞りF2.5　露出30秒　ISO1600
林道にて，唐松林の木々をシルエットに，星空を見上げたイメージで撮影してみました．レンズはほどよく画角が広い24mmを選択し，星がほとんど流れない露出時間を考えました．露出時間は30秒とし，そこからISO感度と絞り値を決定しました．

お台場の満月
85mm　絞りF5.6　露出1/20秒（手持ち撮影）ISO1600
天体写真の撮影をするのは，空の暗い場所が原則ですが，中には空が非常に明るい都会でも撮影できる対象があります．太陽，月，そして惑星です（月や惑星を拡大した撮影については，第3章以降をご覧ください）．とくに月の撮影では，うまく薄明の空の明るい時間帯をねらえば，都会の景色と組み合わせた写真を撮ることもできます．

天文ドームと沈みゆく冬の星座
18mm　絞りF2.8　露出18秒　ISO6400
冬の天体写真撮影は寒さとの戦いでもあります．快晴だった天候が，いつの間にか日本海の方から雪雲が流れてきて，星が見えているのに雪が降り出すこともあります．この時は雪雲によって天然のディフュージョンフィルターの効果が得られました．

廃鉄橋と星空
16mm　絞りF4　露出30秒　ISO1600
かつては蒸気機関車が人や物資を運んでいましたが，やがて電化されて運行本数が増え，新しい橋ができてからは使われなくなった廃鉄橋．レールも架線も撤去され，もうここを列車が走ることはありません．星はそんな歴史も見守っているようです．

流星を撮ってみよう

　星空を見上げていると，流れ星を見ることがあります．それはほんの一瞬のできごとですが，とても印象深いものです．流れ星は，一晩中星空を見上げていると，必ず何個かは見ることができます．このように流れ星はそれほどめずらしい現象ではありませんが，一晩で数十個あるいは百個以上見られる晩もあるのです．それは「流星群」と呼ばれる，一年のうちで特定の時期に，特定の方向から，流れ星がたくさん流れる現象です．流星群は，流れ星が飛んでくる方向の星座名で呼ばれます．また，流星群は活動する期間が決まっていて，活動が始まると徐々に流星の数を増やし，極大日とよばれる晩に一番多く流れます．

　とくに有名なのは，1月4日ごろ極大を迎える「しぶんぎ座流星群」，8月13日ごろ極大を迎える「ペルセウス座流星群」，12月14日ごろ極大を迎える「ふたご座流星群」です．これらの流星群の極大日には，天気がよくて月明かりがなければ，一晩で百個以上の流れ星を見ることも可能かもしれません．ただし，流星群の活動は極大日がずれたり，年によってはあまり流れなかったりすることもあります．逆に予想以上の数の流れ星が出現して驚かされることもありますから，目が離せ

固定撮影による，ふたご座流星群の流星
28mm　絞りF2.8　露出30秒　ISO3200
雲が次々とやってくる中，天の北極付近にカメラを向けて撮影しました．1等星くらいの明るさの流れ星で，ようやくこの程度の写り具合です．

ません．かつて，9月のりゅう座流星群（平年はほとんど流星が飛ばないため，表には入っていない）や，11月のしし座流星群は，流れ星が雨のように降る「流星雨」となったこともあります．2001年のしし座流星群は，ほぼ1秒間に1個のペースで飛ぶ流れ星に歓喜の声をあげた記憶がある人もいることでしょう．

　流れ星を写真に撮るのは固定撮影でも可能です．空のどこでもよいですからカメラを向けて，シャッターを開きます．あとは画面の中に1等星より明るい流れ星が現われるのを待つだけです．流れ星はとても早く動きますから，ISO感度を高く設定し，絞りは開けて撮影するほど写る確率が高くなります．その分露出時間は短くしなければなりませんので，次々とたくさんシャッターを切ります．何十カットと撮影したうちに，流れ星が写っているカットがきっとあることでしょう．

固定撮影による，しし座流星群の流星
24mm　絞りF2.8　露出15秒　ISO3200
小規模な出現が予想された2009年のしし座流星群です．−3等星くらいの明るさの流れ星でした．

おもな流星群一覧表

毎年ほぼ一定の数の流れ星が出現する流星群をまとめたものです．流星群の活動時期や極大日は変動があり，数日ずれる年もあります．また出現する流れ星の数も年によって異なります．天候や大気の状態によって，月明かりがあるかないかでも出現数は違ってきます．

流星群名	出現時期	極大日	出現規模	飛び方
1月しし座流星群	12/23 〜 1/25	1/3	C	中〜速い
しぶんぎ座流星群	1/1 〜 1/7	1/4	A	中〜速い
4月こと座流星群	4/16 〜 4/25	4/23	B	中〜速い
みずがめ座η流星群	4/25 〜 5/10	5/8	B	速く，痕を残しやすい
みずがめ座δ南流星群	7/15 〜 8/20	7/28	B	中速
やぎ座α流星群	7/10 〜 8/25	7/30	C	ゆっくり
ペルセウス座流星群	7/20 〜 8/20	8/13	A	速く，痕を残しやすい
はくちょう座κ流星群	8/8 〜 8/25	8/18	C	ゆっくり
9月ペルセウス座ε流星群	9/5 〜 9/17	9/10	C	速く，痕を残しやすい
10月りゅう座流星群	10/7 〜 10/11	10/9	C	ゆっくり〜中速
オリオン座流星群	10/10 〜 11/5	10/22	B	速く，痕を残しやすい
おうし座南流星群	10/15 〜 11/30	11/6	C	ゆっくり
おうし座北流星群	10/15 〜 11/30	11/13	C	ゆっくり
しし座流星群	11/5 〜 11/25	11/18	B	速く，痕を残しやすい
ふたご座流星群	12/5 〜 12/20	12/14	A	中速
こぐま座流星群	12/18 〜 12/24	12/23	C	ゆっくり

出現規模は，
A＝極大時に安定して，1時間あたり30個以上の出現がある
B＝極大時に安定して，1時間あたり10〜30個の出現がある
C＝極大時に安定して，1時間あたり5〜10個以上の出現がある
ただし，肉眼で5等星台が見える好条件下での出現数であり，光害や月光があったり，雲量が多い場合はずっと少ない個数となる

国際宇宙ステーションを撮ってみよう

　国際宇宙ステーション（略称：ISS）は，米国，ロシア，日本など11ヵ国が共同で建設，運用している宇宙ステーションです．地上350km前後の低軌道を周回し，常時クルー数名が滞在して，各種の実験が行なわれています．日本人宇宙飛行士が滞在することも多く，その際にはマスコミの注目度が上がります．

　この国際宇宙ステーションは，地上がまだ暗く上空に太陽の光が当たっているときには，明るく輝きながら飛行する様子を見ることができます．飛行の様子はNASAやJAXA（宇宙航空研究開発機構）のWebサイトで知ることができるのですが，金星ほどの明るさに輝きながら飛行する国際宇宙ステーションは，無人の人工衛星とは違い，感慨深く見ることができます．

　国際宇宙ステーションの飛行の様子は，固定撮影でも簡単に写すことができます．なにせ相手が明るく，しかも流れ星とくらべるとずっとゆっくりと飛んでいくからです．通常の固定撮影の要領で，飛行が予想される方向にカメラを向けて待機します．よほどのことがない限り，予定どおりの時間に予定どおりの場所に非常に明るい光点が現われますので，その少し前にシャッターを開いておくようにします．

　条件よく国際宇宙ステーションが見られる晩は1ヵ月のうちに数日はありますので，調べて撮影に挑んでください．

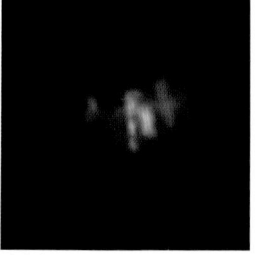

天体望遠鏡で撮影した国際宇宙ステーション
1280mm相当　F8　露出1/1000秒　ISO1600
天体望遠鏡にカメラを装着し，手持ちで国際宇宙ステーションを追尾して撮影したものです．画面内にとても小さく写っていたので，部分拡大しています．上空350kmの国際宇宙ステーションは，東京から，名古屋にある新幹線車両3両分を撮るようなものですが，意外と形がはっきり写るものです．

北天を飛行する国際宇宙ステーション
28mm相当　絞りF4　露出5分　ISO800
この晩の国際宇宙ステーションは，地球の影から現われ，画面を左から右に向かい，金星と同じくらいの明るさに輝きながら飛行していきました．あらかじめ北極星の近くを通ることがわかっていたので，北極星を中心に構図を決め，国際宇宙ステーションが現われるのを待ちました．

オーロラを撮ってみよう

　オーロラは極光ともよばれ，南極や北極付近でしか見られない，とても神秘的な光の舞です．地球の大気中の現象ですから，天体写真とは呼べないかもしれませんが，星空を舞台にしたそれは美しい現象です．ぜひ固定撮影の応用で撮影してみましょう．

　北半球でオーロラが見られるのは，アメリカ合衆国のアラスカ州やカナダの北部といった北米大陸か，ノルウエーやフィンランドといった北欧の国です．晴天率では北米大陸の方がよいのですが，その分気温が低く，体も撮影機材も充分な寒さ対策が必要になります．北米大陸でのオーロラウオッチングに最適なシーズンは，2～4月にかけてです．このころはとくに晴天率がよく，寒さもピークを過ぎているからです．それでも夜の気温は-35～-45℃を覚悟しなければなりません．カメラは直接外気に触れないように保温し，予備のバッテリーは自分の体で暖めておくのがよいでしょう．

　オーロラ自体はわりと明るく，少しくらい薄明が残っていても，あるいは月明かりがあっても見ることができます．そのため，露出時間はふつうに星を撮る場合にくらべて短くてすみます．そして，オーロラは動きが速く，形も色もあっという間に変化しますので，露出時間が長いと，オーロラの形も色も見た目とは違ってぼんやりとした感じに写ります．また，オーロラは空全体に出ることも多いため，できるだけ広角で明るいレンズがあるとよいでしょう．

24mm　絞りF1.4　露出10秒　ISO1600

17mm　絞りF3.5　露出15秒　ISO800

旅行先の風景と一緒に天体写真を撮ってみよう

　天体写真ファンなら一度は撮影に行ってみたい場所があります．北半球ならハワイ島の山頂，南半球ならオーストラリア内陸部の乾燥地帯です．ハワイ島のマウナケア山頂は，日没後の滞在が禁止なので，オニヅカ・ビジターセンターや同じハワイ島にあるマウナロア山中腹での撮影になるでしょう．また，オーストラリアの内陸の乾燥地帯では，日本から見慣れない星座や大小のマゼラン雲など，日本では見られない星ぼしが待っています．

　ですが，オーストラリアの乾燥地帯でバリバリ撮影する天体写真撮影旅行…ではなくても，観光目的で海外旅行に出かける機会はあるものです．そうしたとき，本格的な撮影機材は無理でも，カメラと一緒に小型の三脚をスーツケースに入れて出かけませんか．そして印象的な景色に出会ったら，星と一緒に撮影してみるのはいかがでしょう．きっと心に残る写真が撮れるはずです．日本とは違う星の見え方に驚くかもしれません．

　しかし，海外での夜間の撮影は身の危険がともなうことも多いものです．国によっても，あるいは同じ国によっても地方によって事情は大きく異なります．撮影の際には充分注意をしましょう．

ハワイ島マウナケア山頂の天文台群と日周運動
26mm相当　絞りF4.0　露出5分　ISO400
※マウナケア山頂は現在，許可なしでの夜間の滞在は禁止されています．また，天文台によってはレーザー光を打ち上げていることがあります．

ミャンマーのパゴダ（仏塔遺跡）とカノープス
16mm　絞りF2.8　露出20秒　ISO3200

薄明中のすばると天の川
15mm 対角魚眼レンズ相当　絞りF2.8　露出30秒　ISO800
まだ西の空には夕焼けが残っているというのに，東の空には天の川が見えています．滞在許可を得た人でなければ，この光景を見られないのが残念です．

モアイと南十字星
24mm相当　絞りF2.0　露出13秒　ISO6400　ディフュージョンフィルター使用

よくある失敗例とその対処 1

　天体写真撮影は初めのうちは失敗の連続です．ここではありがちな失敗について紹介します．失敗例を参考に，その対処法をマスターしてください．

ピンボケ

　天体写真は一般撮影と違い，「構図を決めてオートフォーカスで合焦！」というわけにはいきません．ライブビューを使って，マニュアルフォーカスでていねいにピントを合わせます．超広角レンズや魚眼レンズでは，かなり明るい星でなければ写りませんので，遠方の街灯があればそれをピント合わせに使うのがよいでしょう．

ブレ

　下の写真の場合は，シャッターを開けた直後に足が三脚に触れてしまったものです．天体写真の露出時間はとても長いですから，雲台や三脚のクランプはしっかりと締めて，リモートスイッチでシャッターを切ったらそっとカメラから離れるようにしましょう．

構図の傾き

　天体写真の撮影では，ファインダー内がとても暗く，被写体を確認しにくいものです．目的の星座が入っているかどうかはもちろん，水平線が傾いてしまうこともよくあり，とくに傾斜地での撮影の場合は注意が必要で

す．できれば水準器を用意して，カメラの水平を確認するとよいでしょう．もちろん，意図して水平線を傾けたい場合はその限りではありません．

夜露

湿度の高い晩にはよくレンズに夜露が付くことがあります．何らかの方法でレンズを暖めてやれば防止できます．簡単なのはカイロをレンズに取り付けることですが，使いきりカイロでは気温が低いときにはすぐに冷えてしまい，役に立ちません．木炭を燃やすタイプが一番確実です．

雲

よい天気で調子よく撮影していても，「いつの間にか雲が…」ということはよくあります．相手が自然ですから仕方ないことですが，もしも雲のない方角があれば，とりあえずその方角を撮影しておき，目的の方角が晴れてくるのを待ちましょう．なおこの写真では，飛行機まで写り込んでしまいました．

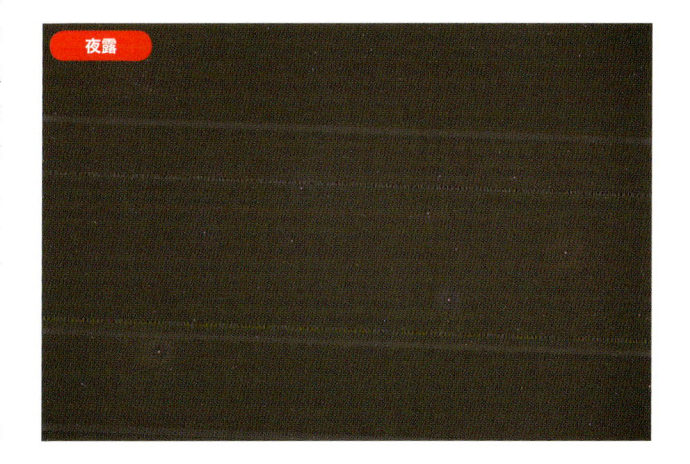

ディフュージョンフィルター

　ディフュージョンフィルターは，無色透明のフィルターの表面に微妙な凸凹を付けて，光を微妙に拡散するフィルターです．光源のまわりが滲み，画面のコントラストを落とす効果があり，ソフトフィルターとも呼ばれています．

　フィルムによる天体写真では，フィルム自体に光源が滲む効果があり，とくにネガフィルムでは露出オーバーに強く色が飛びにくい特性があるため，星の明るさに応じて適度に星が大きく写り，また星の色もよく出ます．しかしデジタルカメラでは，星がシャープに写り過ぎ，星の色もすぐに飛んでしまうことから，このようなディフュージョンフィルターを好んで使う人が多くなったのです．

　ディフュージョンフィルターは，得られる効果やその強度が好みによって選べます．また形状も通常のフィルター同様に枠入りのものや，角型で専用のホルダーを使うもの，シート状のものなどがあります．ある程度星の撮影に慣れてきたら，一度試してみるとよいでしょう．

ディフュージョンフィルターの例
ディフュージョンフィルターにはいろいろなものがあります．天体写真に使った場合の効果は，天文雑誌や専門店で情報を得るとよいでしょう．

ステップアップリング

　レンズを数本持っていると，いくつもの径のフィルターが必要になってしまいます．そこで便利なのが「ステップアップリング」と呼ばれる，フィルターねじ径の変換リングです．これはレンズのフィルターねじの径を，より大きなねじ径に変換するという単純なものですが，高価な大口径のフィルターを使いまわすのにとても便利です．しかし，フードが付かなくなってしまったりすることもありますから注意が必要です．

　ステップアップリングとは逆に，ねじ径の小さなフィルターを，大きなねじ径のレンズに取り付けるための「ステップダウンリング」というものもあります．ただしこちらは画面周辺にケラレを生じやすくなるため，あまりおすすめできません．

Column

うしかい座（ディフュージョンフィルターなし）

うしかい座（ディフュージョンフィルターあり）
ディフュージョンフィルターを使うと星座の形や星の色がよくわかるようになります．

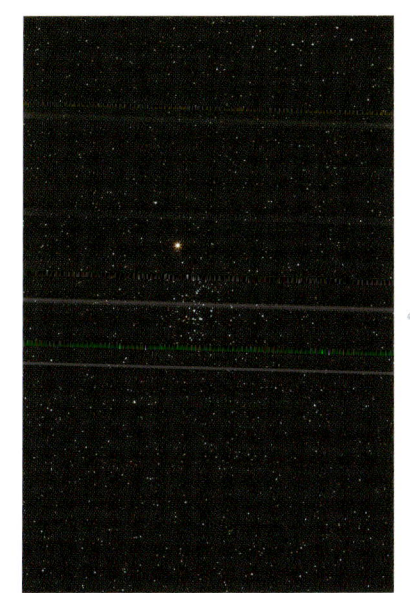

M44・プレセペ星団と火星（ディフュージョンフィルターなし）

M44・プレセペ星団と火星（ディフュージョンフィルターあり）
ディフュージョンフィルターを使うと，星団もよくわかるようになります．しかし火星はとても明るいため，これは少々滲みすぎかもしれません．

第3章
カメラレンズによる
ガイド撮影

　天体写真の基本の「固定撮影」をマスターしたら，次は，長時間の露出でも星を点像に写すことのできる，ガイド撮影について紹介します．ここでは，広角レンズや望遠レンズを使った星座全体や大きな星雲や星団など，わりあい広いエリアを撮影するカメラレンズでの撮影について紹介します．

　撮影に使用する赤道儀は天体撮影用のコンパクトな赤道儀で「ポータブル赤道儀」と呼ばれているものです．ガイド撮影でのカメラの操作は，固定撮影の撮影とほとんど変わりがなく，星の動きに合わせてカメラを動かす赤道儀のセッティングと，その操作が必要になります．

夏の大三角形
20mm　絞りF4　露出8分　ISO400（正方形にトリミング）
ガイド撮影ならば，無理にISO感度を上げる必要がなく，高画質での撮影が可能です．

カメラレンズによるガイド撮影 3

カメラ
長時間露出や高感度の設定でもノイズの少ない機種が有利です．

レンズ
撮影の成功率を考えると，焦点距離は200mm程度までにするのが無難です．

カメラ用の雲台
赤道儀に載せる雲台は，コンパクトな自由雲台が適しています．

赤道儀用の雲台
微動装置付きの雲台が，極軸合わせの際に便利です．

リモートスイッチ
固定撮影時と同じく，必ずリモートスイッチを使用します．

ポータブル赤道儀
赤道儀は星の追尾をするのに必須です，固定撮影とガイド撮影の大きな違いは，この赤道儀を使うことです．ここではコンパクトなポータブル赤道儀を使用します．

三脚
できるだけしっかりしたものを使うようにしましょう．赤道儀のメーカーがオプションで丈夫な専用三脚を用意している場合もあります．

赤道儀の電源

ポータブル赤道儀について

　夜空の星が時間とともに動いていく様子は，p.51で解説したとおりですが，この動く星を追尾する架台のことを，赤道儀と呼びます．赤道儀には星を追尾するための回転軸があり，これを極軸と呼びます．極軸は天の北極に向け，装着されたモーターの動きにより地球の自転速度と同じスピードで駆動され，空のどこにある星でも追尾することができるのです．そして，赤道儀を使って星を追尾しながら露出を行なう撮影方法を「ガイド撮影」と呼びます．

　ガイド撮影ならば，焦点距離の長いレンズでも，長い露出時間でも星を点像に写すことができます．しかし極軸を天の北極に向ける設置精度や，モーターの回転速度や歯車などの機械的な精度の限界から，どんな長い露出時間でも正確に追尾できるわけではありません．おおよそですが，高精度を謳う赤道儀では200mmの望遠レンズを30分間以上，一般的な精度の赤道儀なら，200mm望遠レンズを10〜15分程度まで星を正確に追尾し，点像に保ってくれることでしょう．

　赤道儀にはいろいろなタイプがありますが，固定撮影からのステップアップのおおよその目安として，

・販売価格は10万円未満
・小型カメラによる撮影専用（天体望遠鏡は載せない）
・小型で可搬性がよく，極軸を合わせるのが簡単

という赤道儀がおすすめです．このような赤道儀を，ここでは「ポータブル赤道儀」と呼ぶことにします．ポータブル赤道儀は三脚の上に載せるだけで使えますので，極軸の合わせ方のコツさえつかめば，とても簡単に使うことができます．ガイド撮影ができるようになると，撮影のバリエーションがぐっと増えます．

ピギーバック

　貨車が自動車を運んだり，ボーイング747がスペースシャトルを運んだり，ロケットに人工衛星を相乗りさせたりすることをピギーバックといいますが，天体写真の世界では，天体望遠鏡の鏡筒にカメラや別の鏡筒を載せることをピギーバックといいます．こんな方法でもガイド撮影ができますが，とくに広角レンズでは鏡筒が写り込んだり，鏡筒とカメラが干渉して思った方向に向けられなかったりと案外不便な思いをします．こんなとき，もしカメラの雲台が鏡筒ではなく鏡筒バンドに付いていれば，鏡筒を外してしまう手があります．

カメラレンズによるガイド撮影　**3**

ポータブル赤道儀の一例「ケンコースカイメモR」

カメラまわりと三脚を別にすれば，ポータブル赤道儀本体と電源，そしてカメラを自由な方向に向けるための雲台があればガイド撮影ができるようになります．

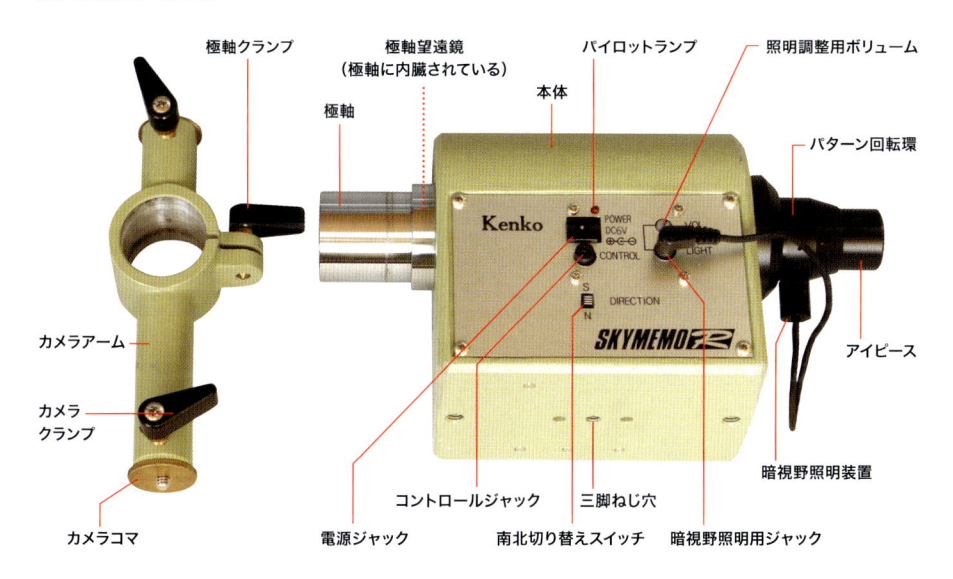

ラベル：極軸クランプ／極軸望遠鏡（極軸に内臓されている）／パイロットランプ／照明調整用ボリューム／極軸／本体／パターン回転環／カメラアーム／アイピース／カメラクランプ／暗視野照明装置／カメラコマ／コントロールジャック／三脚ねじ穴／暗視野照明用ジャック／電源ジャック／南北切り替えスイッチ

赤外カットフィルターを外した改造デジタルカメラ

　デジタルカメラに使われている，CCDやCMOSといった撮像素子は，人間の眼にはほとんど見えない近赤外線にも感度があります．そのため，デジタルカメラは良好な発色を実現するために，撮像素子の直前に赤外カットフィルターを装着しています．

　一方，天体の中には波長が656.3nmという真っ赤な水素の輝線で輝く星雲がたくさんあります．フイルムカメラの時代には，この赤い星雲が良く写るフイルムが天体写真ファンに人気がありました．ところがフイルムの性能が良くなってくると，本来人間の眼にはほとんど見えないこの波長は，写す必要がないことから，この波長の感度が低くなってしまったのです．

　デジタルカメラでも赤外カットフィルターのために赤い星雲の写りは良くありません．そこで，赤外カットフィルターを外す改造を行なう業者が存在し，中には自分で改造してしまう人もいます．このような改造デジタルカメラは，カラーバランスが大きく崩れて画面全体が赤く写りますが，画像処理に修正できる範疇です．熱心な天体写真ファンは，こうした改造デジタルカメラを使う人が多いのです．

改造していないデジタルカメラによるいっかくじゅう座のバラ星雲

赤外カットフィルターを外した改造デジタルカメラによるバラ星雲

67

固定撮影とガイド撮影の違い

　固定撮影でも広角レンズならば何とか星を点像に写すことができます．星を点像に写すための露出時間はp.46の表のとおりですが，この表にあるような露出時間におさめるためには，ISO感度をかなり上げること，そしてF値の明るいレンズが必要なことがわかります．仮にそうして撮影しても，ISO感度が高いために画像は荒れ気味となってしまいます．

　そこで，星を点像に写したいときでも，
・ISO感度を下げて高画質で星の写真を撮りたい
・絞りを効かせて，画面周辺までシャープな像を得たい
・絞りを効かせて，周辺減光を減らしたい
・望遠レンズで星の写真を撮りたい
といった場合には，赤道儀を使ってガイド撮影を行なう必要があるのです．

　もちろん星と地上の景色の両方が止まった写真を撮りたい場合は，短時間露出の固定撮影となります．

固定撮影とガイド撮影によること座（天の北は左）
ガイド撮影の方が画像の荒れが少なく高画質であることがわかります．

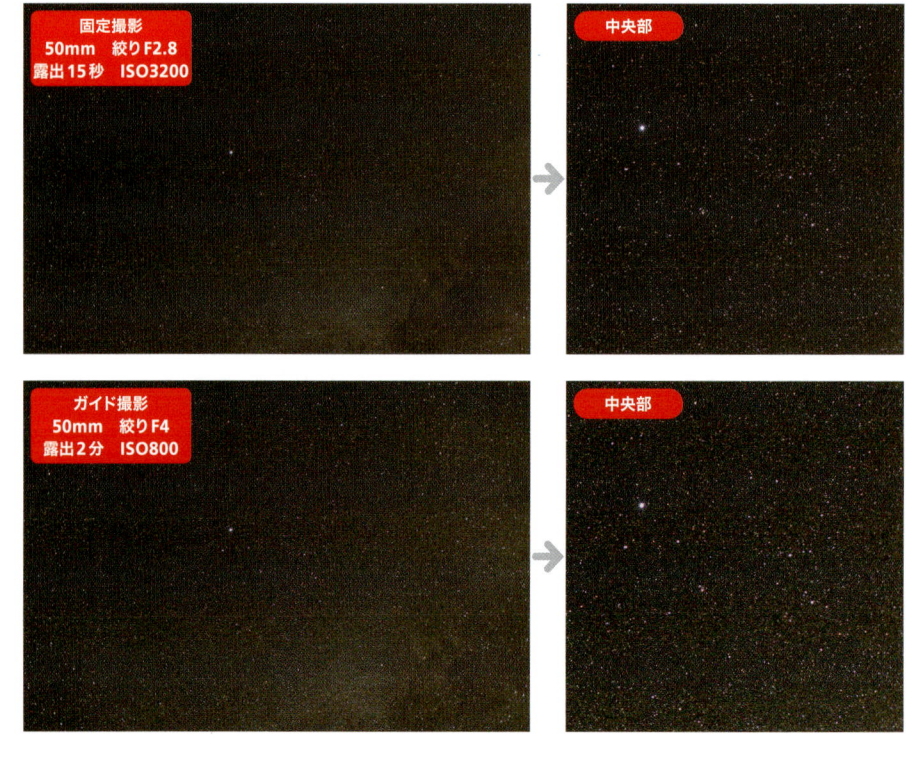

カメラレンズによるガイド撮影　3

固定撮影とガイド撮影によるさそり座
固定撮影では地上の景色が止まり，星が流れています．一方ガイド撮影では地上の景色が流れ，星が止まっています．

固定撮影
35mm　絞りF4
露出6分　ISO400

ガイド撮影
35mm　絞りF4
露出6分　ISO400

ガイド撮影の準備

ポータブル赤道儀を用いたガイド撮影は，極軸の合わせ方さえマスターすれば，固定撮影と同じ要領で簡単に撮影できます．ガイド撮影で使う三脚は，カメラだけを載せる固定撮影のときのものよりも，丈夫でしっかしたものを使いましょう．

① 固定撮影に必要なものに加え，ポータブル赤道儀と赤道儀のモーターを駆動するための電源を用意する．

② 撮影場所に三脚を開いてセットする．脚は伸ばさない方が安定するが，短過ぎると極軸合わせや構図合わせがむずかしくなるので，必要に応じて脚を伸ばすようにする．

③ ポータブル赤道儀を三脚に載せる．雲台がポータブル赤道儀に付いていなければ，取り付ける．

④ 雲台にカメラを載せる．

⑤ ポータブル赤道儀の電源を入れる．

⑥ 極軸を合わせる．極軸まわりのバランスを調整しなければならない赤道儀の場合には，バランスも調整する．

ガイド撮影の手順

極軸合わせがすんだら，いよいよガイド撮影に入ります．ガイド撮影の手順を追ってご紹介しましょう．

❶ポータブル赤道儀を組みあげ，極軸合わせをすませてカメラをセットします．固定撮影と同様に，ライブビュー機能を使ってカメラのピントを合わせます．ピント合わせの要領は固定撮影と同じです．

❷構図を合わせます．構図合わせも，要領は固定撮影と同じです．しかし固定撮影の場合，とくに地上の景色が写るときには，画面の長辺と水平線を平行にするのが基本でした．ガイド撮影の場合にも，地上の風景が入る場合にはそうした方がよいのですが，対象が星座や星雲・星団などで星しか写らない場合は，天体写真には「北を上にする」という基本があります．ガイド撮影では，雲台だけで構図を合わせるのではなく，極軸回りにアームを回転させたり，雲台自体を回転させることを併用します．そのため，各クランプを締め忘れないよう注意しましょう．

❸まずはテスト撮影のつもりで，短めの露出時間でシャッターを切ります．固定撮影と同様にピントや構図の確認もするのですが，とくにガイド撮影の場合には，極軸は合っているか，追尾モーターが動いているかなどのチェックを兼ねています．テスト画像を液晶モニターで確認し，構図や露出時間の調整を行なったら撮影に入ります．

❶ ポータブル赤道儀にカメラをセットして準備完了．

雲台のクランプをゆるめ構図を決める．

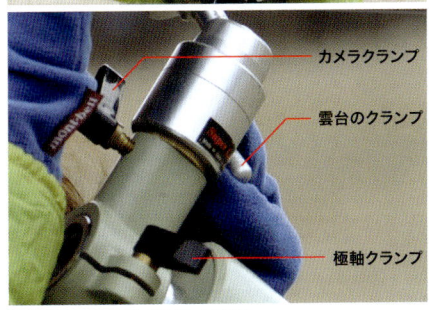

❸ シャッターを切る．

カメラクランプ
雲台のクランプ
極軸クランプ

赤道儀とカメラ雲台のクランプネジ

赤道儀の極軸を合わせる

　赤道儀を使って天体写真を撮るうえで，一番重要なことは赤道儀の極軸を合わせることです．極軸は「天の北極」に正しく向けなければなりません．天の北極とは，地球の地軸つまり回転軸を宇宙に向けてのばしていった場所です．北半球の場合は天の北極を中心にして，天体は反時計回りに動いていきます．幸い天の北極のすぐ傍には，2等級の「北極星」があります．よって赤道儀の極軸合わせは，まずは北極星探しから始まります．

　北極星の探し方には
・方位磁石を使う
・北斗七星かカシオペヤ座から探す
という方法があります．

　方位磁石を使う方法は簡単ですが，方位磁石が指す北は，実際の北よりも西に向いており，そのずれ量が本州では7°前後，北海道では約10°，沖縄では約4°あるので注意しましょう．理由は，地球の磁気的な北が地軸とはずれているためで，このずれ量を偏角といいます．偏角を補正して真北の方角を見つけ，撮影地の緯度分の高さを見れば，そこに北極星があるはずです．

　もう一つの，北斗七星かカシオペヤ座から探す方法ですが，北の空には必ずどちらか，あるいは両方が見えていますので，p.73の見つけ方を参考に探してください．

　北極星が見つかったら，北極星を赤道儀の極軸望遠鏡の視野に入れます．肉眼で見るよりも，極軸望遠鏡で見た方が星がたくさん見え，北極星も明るく見えますから，ほかの星と間違えないように注意してください．極軸望遠鏡の中には，北極星を導入する位置を示すパターンが組み込まれていますので，その位置に北極星を導入します．ただし，パターンの位置は極軸を合わせる日時に合わせて回転させなければなりません．その方法は赤道儀の取り扱い説明書に書かれていますので，よく読んでおきましょう．パターンに北極星とカシオペヤ座の絵が描いてあるタイプは，直感的にわかりやすいと思います．

天の北極と北極星
北極星も天の北極からは1°弱ずれています．そのため，北極星を導入する場所は極軸望遠鏡の真ん中ではなく，極軸パターンにしたがってずらさなければなりません．

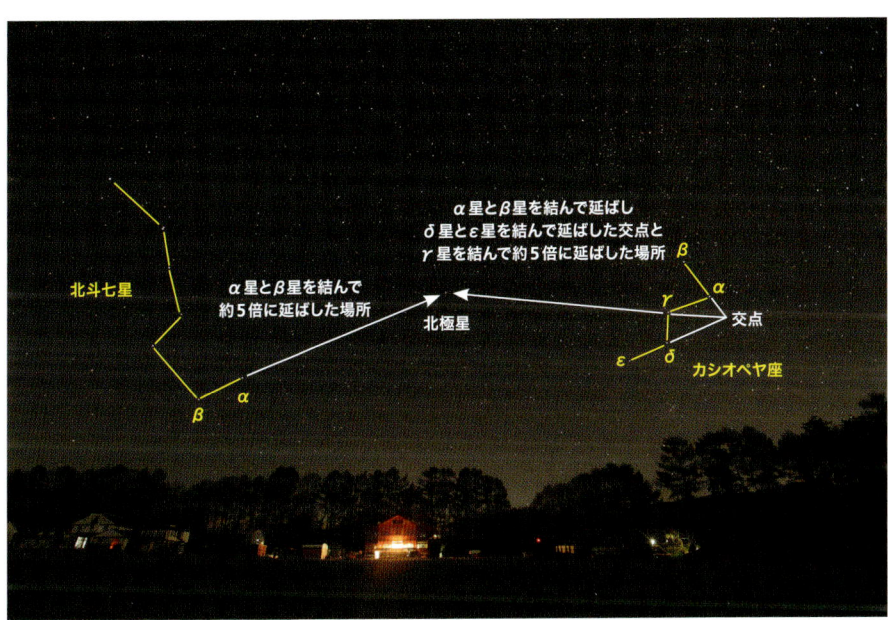

3 カメラレンズによるガイド撮影

北極星の見つけ方
北斗七星，またはカシオペヤ座から北極星を見つける方法です．北斗七星からだと，α星とβ星を結んで約5倍にのばせば，北斗七星とほぼ同じ明るさの北極星が見つかります．カシオペヤ座のα星とβ星を結んで延ばし，δ星とε星も同様に結んでのばし，交点とγ星を結んで約5倍にのばしても北極星が見つかります．これらの星はみな2等級か3等級の比較的明るい星ですから，撮影に出かけたときでなくても，晴れていたら夜空の中から探し出して，北極星を見つける練習をしてみてください．

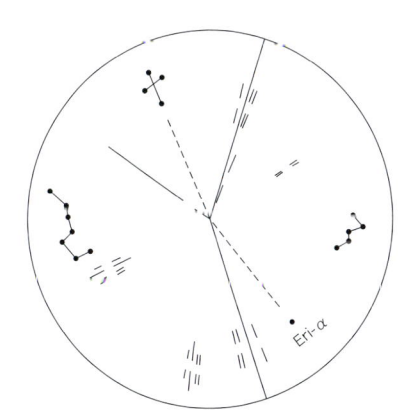

極軸望遠鏡の極軸パターンの例
（ケンコー・スカイメモR）

赤道儀の極軸合わせ
初めて赤道儀を使うときは，極軸合わせに苦労するかもしれません．慣れないうちは，星空の中から北極星はもちろん，北斗七星やカシオペヤ座を探すのもままならないものです．しかし繰り返すうちに，簡単に見つけられるようになりますから安心してください．

ガイド撮影による作例

カシオペヤ座とアンドロメダ座
46mm相当　絞りF2.8　露出1分30秒　ISO1600　ディフュージョンフィルター使用
画面の左上には、5つの星がW型の並びをしたカシオペヤ座が、画面の下半分にはアンドロメダ座が写っています。アンドロメダ座の中に、私たちの住んでいる天の川銀河のお隣の銀河である、アンドロメダ座の大銀河がかわいらしく写っているのがわかると思います。

冬の大三角形
28mm相当　絞りF2.8　露出2分　ISO800　ディフュージョンフィルター使用
画面中央やや右には、おなじみのオリオン座が写っています。そしてオリオン座のオレンジ色の星ベテルギウスと、その左にあるこいぬ座のプロキオン、画面中央の下には全天で一番明るい恒星、おおいぬ座のシリウス、この3つの1等星がほぼ正三角形を作り"冬の大三角形"と呼ばれています。

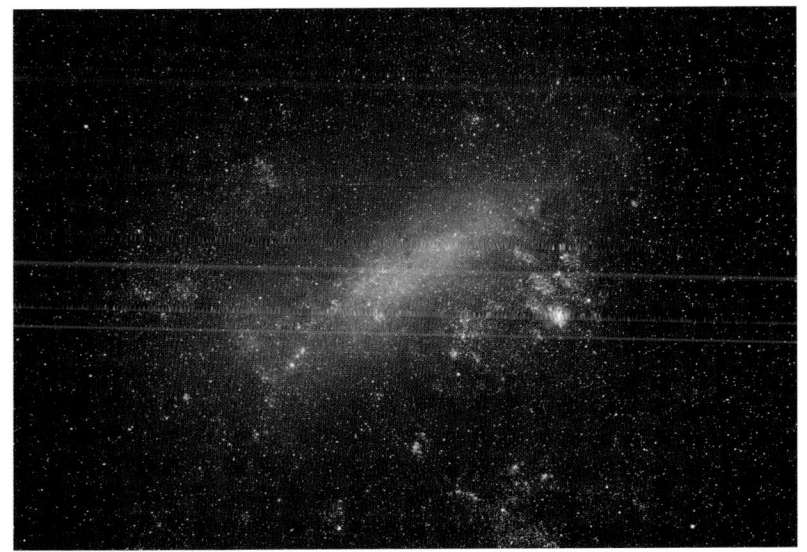

大マゼラン雲
260mm相当　絞りF2.8　露出2分　ISO800
南半球に行ったら、ぜひ見ておきたい天体がいくつかありますが、大小のマゼラン雲はその筆頭にあがる天体です。大マゼラン雲は肉眼でもぼんやりとした大きな塊に見え、近くには一回り小さな小マゼラン雲が見えています。大小のマゼラン雲はともに私たちの住む銀河の伴銀河といわれています。画角右が天の北です。

よくある失敗例とその対処2

露出アンダーとオーバー

　天体写真の場合，なかなか適正露出というものが分かりにくいものです．露出がアンダーでも明るい星は飽和しますし，露出オーバーでも淡い星雲ははっきりとは写りません．そこで背景の明るさで露出を判断するのですが，このときヒストグラムが頼りになります．ヒストグラムはカメラで画像を再生するときにも表示できますし，写真を扱うソフトウェアなら，たいていは表示することができます．

　天体写真では，ヒストグラムのピークは画像の背景にあたります．露出アンダーの画像ではヒストグラムのピークはかなり左に寄っていますし，露出オーバーの画像ではピークは右側の半分にまで来ていることでしょう．

　ヒストグラムのピークは，だいたい左側から1/5（輝度値で50程度）〜1/4（輝度値で65程度）であれば，適正露出といっていいでしょう．もしも画像保存形式がRAW形式で，後からパソコンで画像の調整をできるのであれば，もう少し露出をしても大丈夫です．

　天体写真では撮影地の光害の程度や月明かりの有無，大気の透明度などによって適正露出が変わってきます．まずはテスト撮影を行なって確認してから，撮影に入ることをおすすめします．

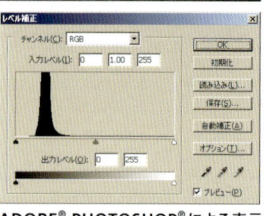

ADOBE® PHOTOSHOP®による表示

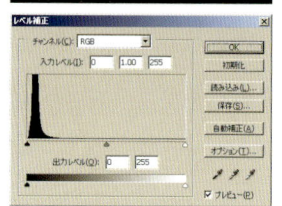

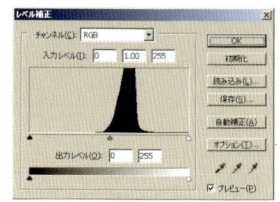

赤道儀が正常にガイドしていない

　ガイド撮影をしたはずなのに，なぜか固定撮影のように星が軌跡を描いている…，ということはよくあります．赤道儀の電池切れや電源電圧の低下，スイッチの入れ忘れ，電源ケーブルの接触不良や断線など，たいていは電源周りに問題があります．そのほか，赤道儀の追尾が南半球モードになっていることもあります．南半球モードに切り替わっていると，極軸が反対方向に回るので，赤道儀が止まってしまったときの倍の量，星像が流れることになります．撮影を始める前に，赤道儀が正常にガイドしてるするか確認しましょう．

正常にガイドしている

正常にガイドしていない

日周運動とは異なる方向に星が流れる

　同じく星が流れてしまう失敗でも，日周運動ではない方向に流れる場合は，極軸が合っていないか，雲台のクランプの締め忘れなどが考えられます．試しにカメラをつかんで軽く揺すってみてください．どこかが簡単に動いてしまったりしませんか？ 極軸が合っていないのは，北極星ではない星を北極星と誤り極軸望遠鏡に導入してしまったケースと，極軸は正しく合わせたのに，赤道儀の固定が甘くて動いてしまい極軸がずれてしまったケースに分かれます．まずは極軸望遠鏡をのぞいてみて，北極星が正しい位置にあるか確認してみましょう．赤道儀のクランプ類や三脚のクランプが緩んでいないかも確認しましょう．

流星を撮ってみよう

　流星の撮影については，第1章の固定撮影（p.54～55）で解説しましたが，ガイド撮影でも同じように流星を撮影することができます．ガイド撮影の場合には，固定撮影のように星が軌跡を描くのではなく，星が点像に写るのはもちろんですが，星に対する構図を変えることなく何枚でも撮影を続けることができます．そのため，後でパソコンを使って流星の写っている画像だけを合成し，1枚の中にいくつもの流星が写っている写真を作ることもできます．たとえば，ふたご座流星群なら，ふたご座を画面に入れて撮影すると，輻射点から四方八方に流星が飛んだ様子を再現できます．

ふたご座流星群
28mm　絞りF2.8　露出30秒　ISO3200　（左右をトリミング）
連続して撮影した画像の中から，流星の写った画像だけをパソコンで合成したものです．パソコンで画像を加工できれば，このような処理は簡単に行なえます．ちなみにこの年は，ふたご座に火星がありました．

カメラレンズによるガイド撮影 **3**

2001年のしし座流星群の流星雨
16mm対角魚眼相当　絞りF3.5　露出15分×4枚　6×6判　ISO400ノイルム2倍増感現像
まだデジタルカメラの性能がそれほどよくなかったときのフイルムカメラでの撮影ですが，デジタルカメラでも撮影の要領はまったく同じです．次にこのような流星雨が見られるのは，いつのことでしょうか・・・．

天体写真の講習会や勉強会，撮影会へ行ってみよう

　天体写真を学ぶために講習会や勉強会に参加するのもいいでしょう．一般写真なら，カメラメーカーやカメラ店が講習会を行なっていますが，天体写真の場合は愛好家同士で自主的に行なっていたり，ペンションなどが主催で初心者向けに行なったりしています．

79

星座をすべて撮ってみよう

　ガイド撮影の練習を兼ねて，まずは日本から見える星座をすべて撮ってみましょう．

　星座は全天で88星座あります．そのうち，「北緯35°付近で星座全体が地平線上に昇る」という条件を付けると，日本から見える星座は62星座です．その中から，まずは誰でも知っている「黄道12星座」，「見つけやすい1等星を含む星座」の撮影から始めるとよいでしょう．

　黄道12星座の中には，暗い星が主体で見つけにくいものもありますが，撮り終わるころには，極軸の合わせ方や星座の見つけ方，撮影自体にもだいぶ慣れているはずです．そして，日本から見える星座をすべて撮り終えたら，南半球でしか見ることのできない星座の撮影にもぜひ挑戦してください．

　ところで，星座には大きなものもあります．多くは35mm程度の広角レンズで収まりますが，中にはうみへび座のように，東西に100°もある長い星座もあります．超広角レンズか対角魚眼レンズを用意できればよいのですが，それが無理なら2枚に分割して撮影し，フォトレタッチソフトで写真をつなぎ合わせるのも一つの方法です．

黄道12星座

おひつじ座

おうし座

ふたご座

かに座

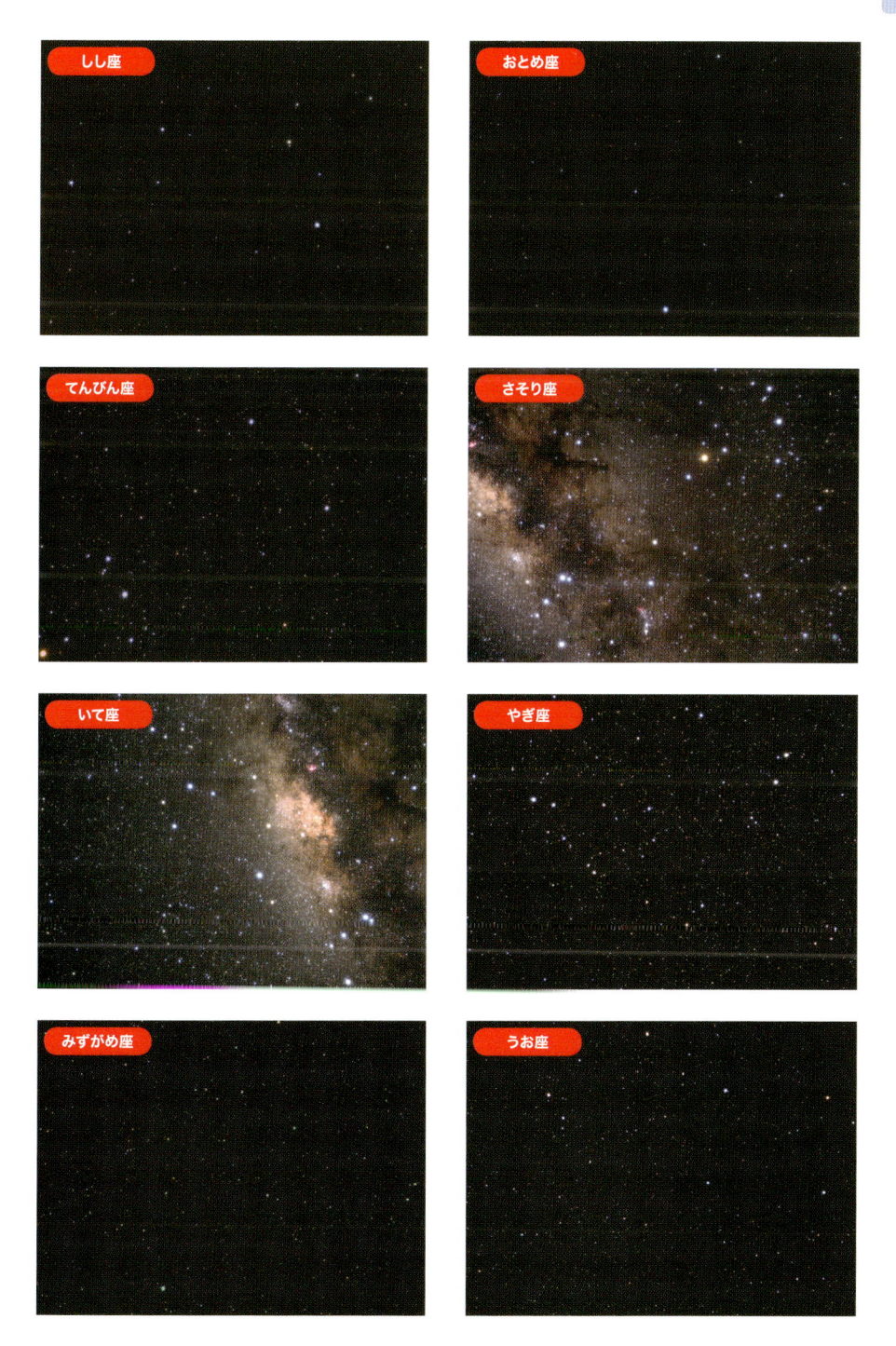

カメラレンズによるガイド撮影 **3**

しし座	おとめ座
てんびん座	さそり座
いて座	やぎ座
みずがめ座	うお座

肉眼彗星をねらおう

　彗星は数年〜数百年，あるいはそれ以上の歳月をかけて太陽の周りを回っている天体で，代表的な彗星としては，76年の周期で太陽を回っているハレー彗星が有名です．

　どこからともなく現われて去っていくその様子は「彗星のごとく」と例えられますが，彗星はまずその姿が印象的です．明るく輝く核，その周りにはぼんやりとしたコマが取り巻き，そこから尾を長くたなびかせている様から，古くは"ほうき星"とも呼ばれていました．しかし，これは肉眼でも見えるくらいに明るくなった彗星の場合で，ほとんどの彗星は大きな天体望遠鏡でもぼんやりと見えるだけです．

　肉眼でも見えるほどの明るさになった彗星を肉眼彗星，そして1等星よりも明るくなった彗星を大彗星と呼んでいますが，肉眼彗星はだいたい1〜2年に1個程度，大彗星は10年に1個程度の頻度で見ることができます．大彗星はそのスケールの壮大さから，一目見ただけで魅せられてしまうほどの存在感を持っています．

　肉眼彗星の場合ですとガイド撮影での撮影になりますが，大彗星になると固定撮影でも写すことができます．肉眼彗星の撮影には，F値の明るい望遠レンズがとても有効で，F値が2.0から2.8のレンズが欲しいところです．

これは単に彗星の尾が淡いというだけでなく，彗星自体が見かけ上星空の中を動いていくためと，彗星の尾は短い時間の間にも形状が変化するためです．ですから彗星の撮影では，明るいレンズでなるべく短い露出時間で撮るのが理想です．

　さらに彗星は太陽に近いほど明るくなります．すると，夕方の西空や明け方の東空の低い所に見えることが多いのです．薄明による空の明るさ，そして彗星の高度のせめぎ合いで，よいタイミングは数分しかないこともあります．肉眼彗星の撮影は，むずかしくもあり，おもしろいところでもあります．

ヘールボップ彗星
85mm　絞りF2.0　露出5分　ISO800フイルム
ヘーボップ彗星は1997年に現われた大彗星です．デジタルカメラが普及する前でしたのでフィルムカメラによる作例ですが，デジタルカメラでも要領は同じです．

カメラレンズによるガイド撮影 **3**

スワン彗星と球状星団M13
320mm相当　絞りF2.2　露出4分　ISO400

マックホルツ彗星とM45すばる
320mm相当　絞りF2.2　露出1分40秒　ISO800

第4章
天体望遠鏡を使った
月の撮影

　月は地球にもっとも近い天体ですが，カメラ用のレンズでは，月を大きく写すことはなかなかむずかしいものです．そこで天体望遠鏡を使って月を大きく拡大して，迫力ある月の写真を撮影してみましょう．

　天体望遠鏡を使っての撮影には，大きく分けて，直接焦点撮影と拡大撮影の2つがありますが，この章では，天体望遠鏡のレンズや反射鏡でできた実像を直接撮像素子で撮影する直接焦点撮影について紹介します．

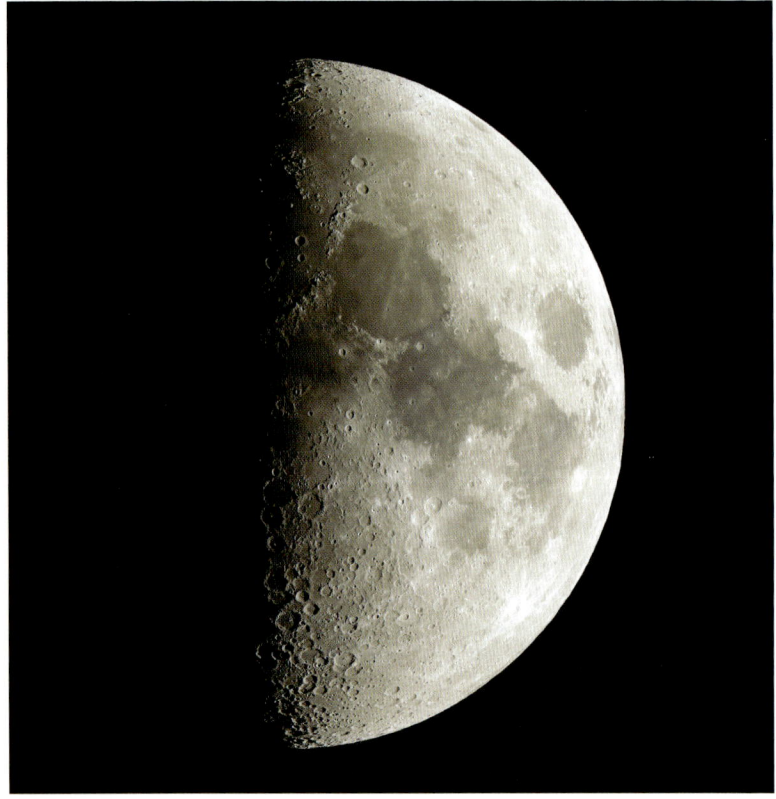

月齢8の月
2160mm相当　F11　露出1/30秒　ISO100
月は私たちが住む地球にもっとも近い天体です．しかも毎日のように表情を変え，天体望遠鏡でのぞけば，大小さまざまなクレーターを見ることができます．明るいため撮影も容易です．この月を天体望遠鏡を使って撮影してみましょう．

天体望遠鏡を使った月の撮影 **4**

天体望遠鏡本体
鏡筒(きょうとう)ともいいます。できることなら写真撮影向きの高性能なレンズを用いたタイプや、反射式望遠鏡がよいでしょう。合焦機構がしっかりしていることも重要です。

カメラアダプター(カメラアタッチメントともいいます)
直接焦点での撮影と、アイピースを使った拡大撮影の、両方に対応しているタイプが便利です。

カメラ
月や惑星は明るいため、長時間露出や高感度撮影時のノイズはあまり重要ではありません。コンパクトタイプでも上手に使えばよい写真が撮れます。

赤道儀
星雲や星団の撮影ほどではありませんが、しっかりとした追尾精度のよい赤道儀を使いましょう。

三脚
赤道儀に合ったものが必要です。

リモートスイッチ
ポータブル赤道儀での撮影と同じように必ずリモートスイッチを使用します。

赤道儀のコントローラ
自動導入できるタイプが便利ですが、初期設定が必要です。シンプルで安価な自動導入ではないタイプの方が、最初は使いやすいかもしれません。

赤道儀の電源

天体望遠鏡について

いよいよ天体望遠鏡を使った天体写真撮影についての解説です．天体望遠鏡を使った撮影では，天体望遠鏡にレンズを外したカメラを直接取り付けるか，レンズを付けたまま望遠鏡をのぞくように設置するか，いずれかの方法をとります．本題に入る前に，少しだけ天体望遠鏡について知っておきましょう．

天体望遠鏡の種類・鏡筒

天体望遠鏡と聞いて，真っ先に思い浮かぶのはレンズの収まった細長い筒だと思います．この天体望遠鏡本体のことを，鏡筒といいます．鏡筒には光学系が収まっており，いくつかのタイプに分けることができます．

屈折式

対物レンズによって光を集めるタイプです．シンプルで扱いやすく，ほぼメンテナンスフリーであることから，入門者からベテランまで幅広いユーザー層に受け入れられています．対物レンズは最低でも2枚のレンズで構成されていますが，3枚構成のタイプや4枚構成のタイプもあります．対物レンズの枚数は多いほど性能を出しやすいのですが，レンズの素材も非常に重要です．対物レンズのうち最低1枚に，特殊低分散レンズ（EDレンズ，SDレンズなどとも呼ばれる）や，フローライトレンズといった高級な素材が使われているかどうかが大きなポイントとなります．天体写真の撮影では，こうした高級な対物レンズを備えている鏡筒を使う方が好結果を得られます．屈折式天体望遠鏡の欠点は，口径の割に高価なことです．また対物レンズ以外では，合焦機構（ピント合わせの機構）のガタがなくスムーズに動くことも重要です．

反射式（ニュートン式）

光を集めるために，反射鏡を使うタイプをまとめて「反射式」と呼びます．反射式にはさまざまなタイプがありますが，その代表がニュートン式です．ニュートン式の反射望遠鏡は主鏡の断面形状が放物面をしており，光軸上は無収差であることが最大の特徴です．副鏡には平面鏡が用いられ，主鏡で集めた光を鏡筒の横に出します．このため鏡筒の横からのぞいたり撮影したりするのです．

またレンズと違い，反射鏡は口径が大きくても割と安価に製作ができます．このため，口径が20cmを超える天体望遠鏡は，ほとんどが反射式となります．ニュートン式は反射式天体望遠鏡の中ではシンプルな構成ですので良い性能を出しやすく，惑星の観測者には定番の光学レイアウトでした．しかし焦点距離とほぼ同じ長さの鏡筒が必要になるため，徐々にコンパクトなカセグレン式に主流が移ってきています．

反射式（カセグレン式）

カセグレン式は主鏡で集めた光を凸面の副鏡で折り返し，屈折式の天体望遠鏡と同じように対象に向いて観察したり撮影できる光学レイアウトを持っています．カセグレン式は焦点距離に対して非常にコンパクトな鏡筒サイズになり，運用面での利点があります．惑星の拡大撮影などに多く用いられています．カセグレン式の仲間には，シュミット・カセグレン式や，マクストフ・カセグレン式，ドール・カーカム式，リッチー・クレチアン式などがあります．

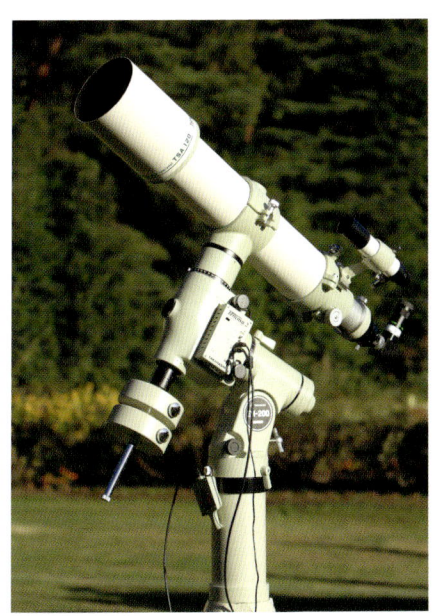

4 天体望遠鏡を使った月の撮影

屈折式望遠鏡とドイツ式赤道儀

ニュートン式反射望遠鏡とドイツ式赤道儀

赤道儀

　天体望遠鏡の鏡筒を載せて，天体を追尾するための2軸式架台が赤道儀です．1軸は極軸と呼ばれ，天の北に向けます．もう1軸は赤緯軸と呼ばれ，極軸と直交しています．小型の赤道儀はほとんどがドイツ式と呼ばれるタイプになります．

　そのほか赤道儀にはフォーク式，イギリス式などがあります．

カセグレンタイプの鏡筒

経緯台とは

　天体望遠鏡の架台には経緯台と呼ばれるタイプもあります．経緯台は上下と左右に動く架台で，写真用三脚の3ウェイ雲台も，ビデオカメラ用のシネ雲台も，観光地にある双眼鏡の架台も，経緯台です．経緯台は極軸合わせの必要はなく，設置したらすぐに使えますし，動かし方は簡単ですから，初心者にはとても使いやすいです．しかし天体を追尾するには2軸とも手で動かさねばならず，少々忙しくなります．中にはコンピュータ制御で，経緯台であっても天体を追尾してくれるものがありますが，視野が回転してしまうため，やはりあまり天体写真向きではありません．

経緯台に載った屈折望遠鏡

87

天体望遠鏡の組み立て方

　これは天体望遠鏡の組み立て方の一例です．メーカーや機種ごとに組み立て方は異なりますので，天体望遠鏡に付属している取扱説明書をよく読み，確実に組み立てるようにしましょう．

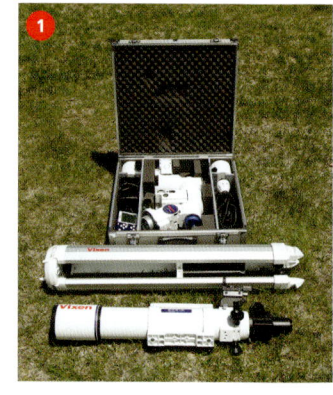

1. 組み立てようとする場所に天体望遠鏡一式を準備する

2. 太陽の位置や方位磁石を頼りに，おおまかな北の方角を確認する（夜なら北極星を探す）

3. 三脚をセットする（多くの場合向きが決まっている）

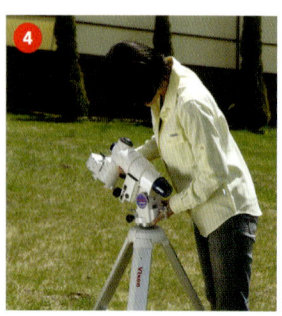

4. 三脚に赤道儀本体を載せる

5. 三脚と赤道儀をしっかりと固定する

6. バランスウエイトのシャフトを取り付ける

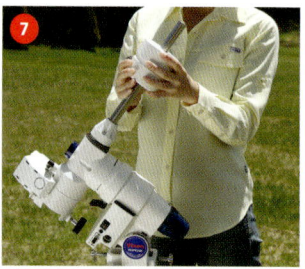

7. バランスウエイトを取り付ける

天体望遠鏡を使った月の撮影 　4

天体望遠鏡本体＝鏡筒を取り付ける

接眼部まわりの付属品を取り付ける（カメラも取り付けてみる）

軸周りのバランスをとってみる

カメラを取り付けてみて、バランスが合わないとき、鏡筒の取り付け位置をオフセットするオプション品などを利用する

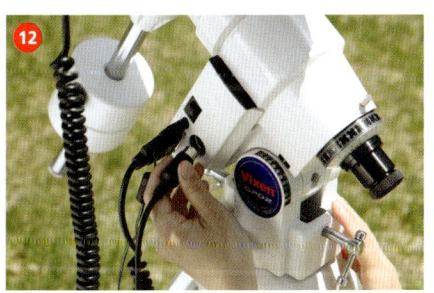

ケーブル類を配線する

ファインダーと鏡筒の光軸を合わせる

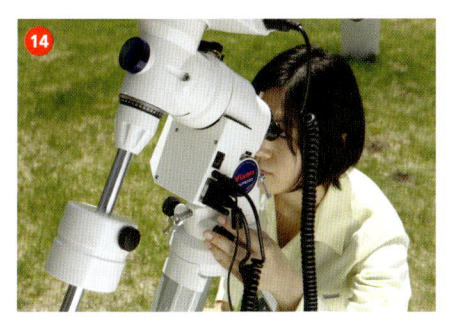

極軸を合わせる

これで準備完了

89

天体望遠鏡での撮影
直接焦点とコリメート法

　天体望遠鏡にカメラを取り付けての撮影は,「直接焦点」通称:直焦が基本です. 直接焦点とは, 天体望遠鏡がそのまま写真用レンズとなったと思えばいいでしょう. 天体望遠鏡の仕様表記はまず口径, そしてF値の順です. たとえば, 口径120mm F7.5といえば, 写真用レンズ風に直すと, 900mm F7.5となります. 天体望遠鏡は, どれだけ多くの光を集めることができるか（＝何等級の星まで見えるか）が重要なため, 口径が表記されるのです.

　天体望遠鏡は光軸上の収差補正は良好なために, 画面の中心付近は非常にシャープな像を結んでくれます. 月を画面の真ん中に据えて撮影すれば, クレーターはもちろん, 月の山脈や海と呼ばれる平らな地形も明瞭にとらえることができます.

　直接焦点よりもずっと拡大して撮影したい場合には, 第6章で解説する「拡大撮影」を行なうことになりますが, まずは直接焦点で天体望遠鏡による撮影をマスターしましょう.

　ところで, 月の大きさは思っているよりも小さく, 視直径は約0.5°しかありません. これは五円玉を指でつまみ, 腕をのばしてみた穴の大きさよりも小さいくらいです. もしフルサイズの撮像素子を使ったデジタルカメラで, 月を画面ぎりぎり一杯の大きさに写そうと思ったら, 2400mmもの焦点距離が必要になるのです.

カメラアダプターとマウント

　カメラを天体望遠鏡に取り付けるには, 天体望遠鏡メーカーのオプション品である, カメラアダプターが必要になります. カメラアダプターは, 直接焦点専用のタイプと, 拡大撮影と兼用のタイプがありますが, いろいろな撮影をしてみたい人には, 兼用タイプの方が便利でしょう.

　さらに, 使用するカメラに対応するマウントが別途必要になります. もしも異なるメー

月と五円玉の大きさの比較

天体望遠鏡を使った月の撮影

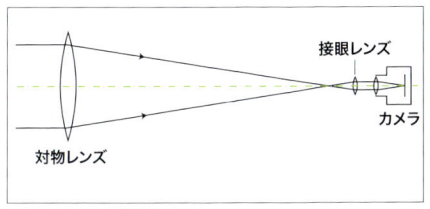

コリメート撮影の光路図

直接焦点の場合の接続

カメラアダプターの例

コンパクトタイプのデジタルカメラによるコリメート撮影

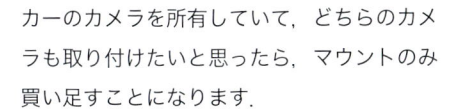

カーのカメラを所有していて，どちらのカメラも取り付けたいと思ったら，マウントのみ買い足すことになります．

　アダプターやマウントは，多くの天体望遠鏡に共通で使えるようにするため，また第7章で登場するような補正レンズ類を使えるようにするため，複雑なシステムチャートになっていることがあります．もしもカタログを見てもよくわからなければ，メーカーか専門店に問い合わせてみるとよいでしょう．

コンパクトタイプの デジタルカメラで撮影

　月は明るいので，コンパクトタイプのデジタルカメラでも充分に撮影可能です．コンパクトタイプのデジタルカメラは，一眼レフタイプとは異なり，撮影レンズが外れません．そこで直接焦点での撮影ではなく，人間がアイピースをのぞくのと同じ要領で，アイピースに撮影レンズをあてがって撮影する「コリメート法」で撮影します．レンズにフィルター用の溝があり，カメラアダプターに取り付けられるカメラもありますが，そうでないカメラは，汎用のブラケットとレリーズアダプターを使用し，天体望遠鏡との光軸をできるだけ正確に合わせ，撮影レンズを望遠側にすれば，ケラレも少なくなってよく撮れることでしょう．

天体望遠鏡の各部名称

天体望遠鏡は，大きく以下の3つの部分に分けることができ，ある程度は自由に組み合わせることができます．
・天体望遠鏡本体（鏡筒）
・赤道儀
・三脚

天体望遠鏡の種類についてはp.86で説明しましたので，実際の天体望遠鏡の各部の名称を覚えましょう．ただし，これは屈折式望遠鏡とドイツ式赤道儀の中の一例で，メーカーや製品によって形状や機能はもちろん，呼び名なども異なりますので参考程度にしてください．

天体望遠鏡は，天体望遠鏡専門店やカメラ量販店で購入できます．なお，ホームセンターやディスカウントショップで展示販売されていることもありますが，店員が望遠鏡の知識を持っているとは限らず，製品説明や使い方のサポートなどが期待できないこともあり，おすすめしません．はじめて望遠鏡を手にするという人は，天文望遠鏡に詳しい店員がいる専門店などで購入するのが安心です．天体写真を撮りたいという人はどのような写真が撮りたいか，また自分の持っているカメラの種類などから，どのようなパーツが必要かなどを相談するとよいでしょう．

赤道儀のコントローラー

←LEFTキー ↑UPキー →RIGHTキー ↓DOWNキー
選択キー
液晶画面
ズーム＋キー
アライメントキー
ズーム－キー
電源スイッチ
メニューキー
表示キー

数値のいろいろ

F値って何？

カメラレンズには，必ず焦点距離とともにF値が表示されています．また，明るいレンズ，暗いレンズを論じるときに，F○．○だから‥，という話が必ず持ち上がります．

F値とは，焦点距離を有効口径で割った値のことで，この数値が小さいほど，得られる像が明るくなるのです．

一例として，50mmF2というレンズがあると，このレンズの有効口径は25mmということになります．

天体望遠鏡の倍率

天体望遠鏡の倍率は次の式で求められます．
倍率＝対物レンズ（反射式の場合は鏡）の焦点距離÷接眼レンズの焦点距離

たとえば，対物レンズの焦点距離が600mmで，接眼レンズの焦点距離が15mmだったら，倍率は40倍ということになります．

アイピースを使った拡大撮影時の合成焦点距離の求め方

拡大率＝（アイピースからイメージセンサーまでの距離／アイピースの焦点距離）－1
合成焦点距離＝天体望遠鏡の焦点距離×拡大率
合成F値＝合成焦点距離／天体望遠鏡の口径

天体望遠鏡を使った月の撮影 **4**

鏡筒，赤道儀，三脚の組み合わせの例

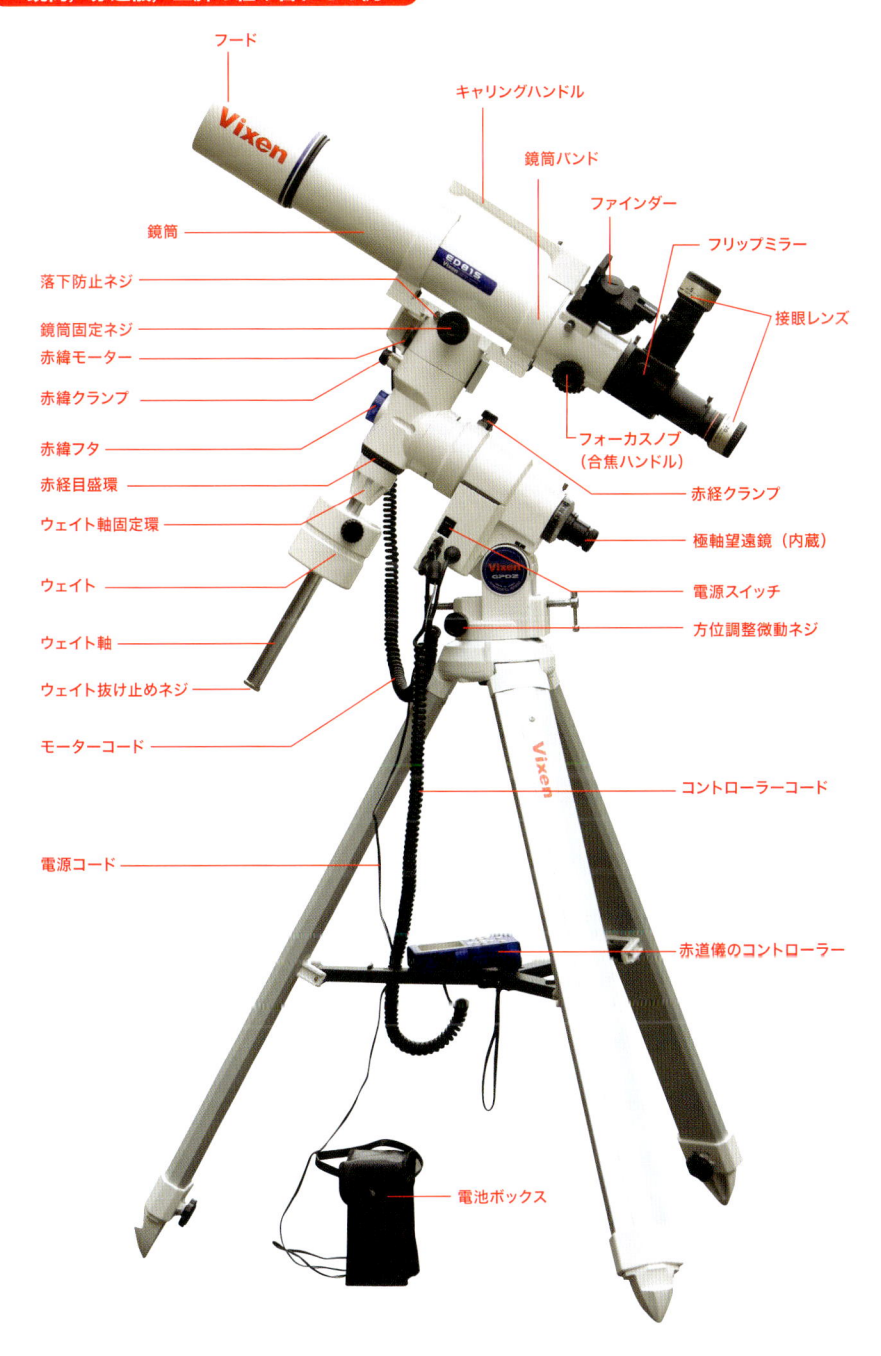

- フード
- キャリングハンドル
- 鏡筒バンド
- 鏡筒
- ファインダー
- フリップミラー
- 落下防止ネジ
- 接眼レンズ
- 鏡筒固定ネジ
- 赤緯モーター
- 赤緯クランプ
- 赤緯フタ
- フォーカスノブ（合焦ハンドル）
- 赤経目盛環
- 赤経クランプ
- ウェイト軸固定環
- 極軸望遠鏡（内蔵）
- ウェイト
- 電源スイッチ
- ウェイト軸
- 方位調整微動ネジ
- ウェイト抜け止めネジ
- モーターコード
- コントローラーコード
- 電源コード
- 赤道儀のコントローラー
- 電池ボックス

93

月の露出

月は案外明るい

　月は最も地球に近い天体で，太陽から地球までの距離と，太陽から月までの距離はほぼ同じです．ですから満月の露出が昼間の屋外の景色を撮るための露出とほぼ同じというのも頷けます．ところが月に対して太陽の光が横から当たるようなとき，つまり半月の状態は満月のときよりも露出が必要で，月に対して斜め後ろから太陽の光があたるような三日月のときは，さらに露出が必要になります．このため撮りやすさの点では満月の前後の撮影が一番楽です．月が明るいうえに一晩中地平線に沈まず，しかも空の高い位置で撮影できるからです．

　ただし月の美しさの点でいくと半月前後がおすすめです．欠け際には大小無数のクレーターがはっきり見えるからです．一口に半月前後といっても，上弦の月と下弦の月があります．上弦の月は日没後空の高い所にあり，徐々に西の空に沈んでゆきます．撮影するなら日没後の早い時間がいいでしょう．反対に下弦の月は，日出のころに空高く昇っています．早起きしての撮影になります．

　また宵の空での二日月や三日月，あるいは新月前の日出直前の27，28日月もきれいですが，なかなかの難物です．月の位置が太陽に近いために低空での撮影となり，シーイング（大気のゆらぎ）や透明度の影響を大きく受けるからです．さらに三日月なら月が地平線に沈んでしまったり，28日月ならすぐに空が明るくなってしまったりで，撮影できる時間が短く限られているからです．

　月の撮影では，まず露出一覧表をもとに，ISO感度とシャッター速度を決めてください．テスト撮影によって露出を調整し本番撮影を行なうと良いでしょう．カメラの液晶モニターは，多少露出に過不足があっても綺麗に見えてしまうことがあるため，撮影の際には，念のために1段早いシャッター速度と遅いシャッター速度で撮影しておくことをおすすめします．

月の月齢別露出表

	F4	F 5.6	F 8	F 11	F 16	F 22
地球照	2	4	8	16	32	64
三日月	1/125	1/60	1/30	1/15	1/8	1/4
五日月	1/250	1/125	1/60	1/30	1/15	1/8
半月	1/500	1/250	1/125	1/60	1/30	1/15
11日月	1/1000	1/500	1/250	1/125	1/60	1/30
満月	1/2000	1/1000	1/500	1/250	1/125	1/60

※ISO感度設定が200の場合

天体の高度による露出補正量

高度	露出倍数
90°（天頂）	1.00
50°	1.06
30°	1.20
15°	1.91
10°	2.51
6°	3.98
4°	6.31
2°	17.38

天体望遠鏡を使った月の撮影

シャッター速度が1/125秒から1/8秒による月
焦点距離2160mm相当の天体望遠鏡　約F11　ISO100

シーイングが悪いときの月
焦点距離1600mm相当の天体望遠鏡
F16　露出1/4秒　ISO100
シーイングが悪いと，月は絶えずゆらゆらと揺れ動いてしまいます．こうしたときに撮影すると，ごらんのような出来になってしまいます．冬型の気圧配置が強くて天気図の等圧線が込み合っているときや，前線が抜けて大気が入れ替わるようなときに，悪いシーイングになることが多いです．

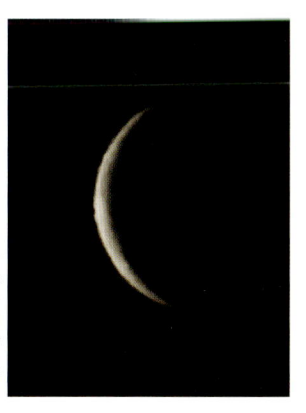

月齢をひとまわり撮ってみよう

　月の全体像を上手に撮れるようになったら，月齢をひとまわり全部撮ってみましょう．月は平均29.5日，つまり約1ヵ月で見かけ上，地球をひとまわりしますが，新月やあまりにも太陽に近いときは撮影できませんので，だいたい月齢が2から28くらいまで撮れればよいでしょう．もしも1ヵ月間，晴れの日が続けばそれで撮影が完了しますが，そうそう好天は続いてくれません．最初の1ヵ月で半分撮れれば上出来で，残りは翌月に撮るようにします．そして翌月もまた撮れなかった月齢を翌々月に…と，全部の月齢を撮り終わるには数ヵ月かかることでしょう．また一度撮った月齢も，条件のよい晩に再度撮影すれば，よりきれいに写せます．こうして月齢ひとまわりを全部撮り終わるころには，撮影も手なれたものになっていて，どんな条件ならよく撮れるのかもわかってきます．気流の状態の良い日や悪い日があること，大気の透明度によって露出が変わったり，低空のときには赤っぽく写ったりすること，同じ撮影条件なのに，月の大きさが変わったりなど，いろいろなことに気付くと思います．ぜひチャレンジしてみてください．

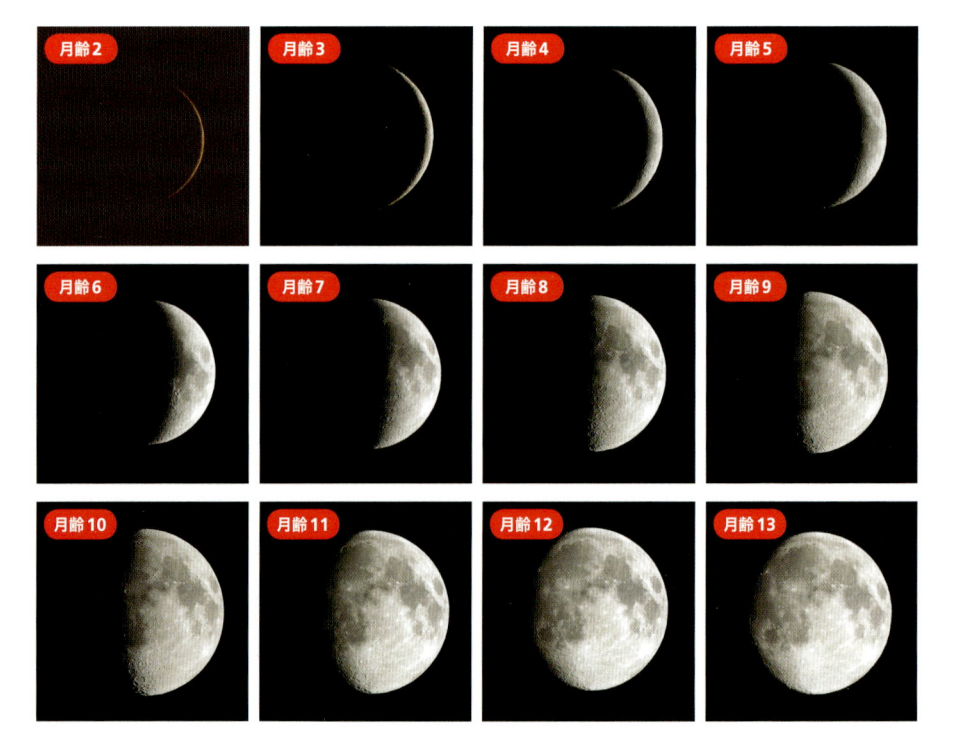

月齢2	月齢3	月齢4	月齢5
月齢6	月齢7	月齢8	月齢9
月齢10	月齢11	月齢12	月齢13

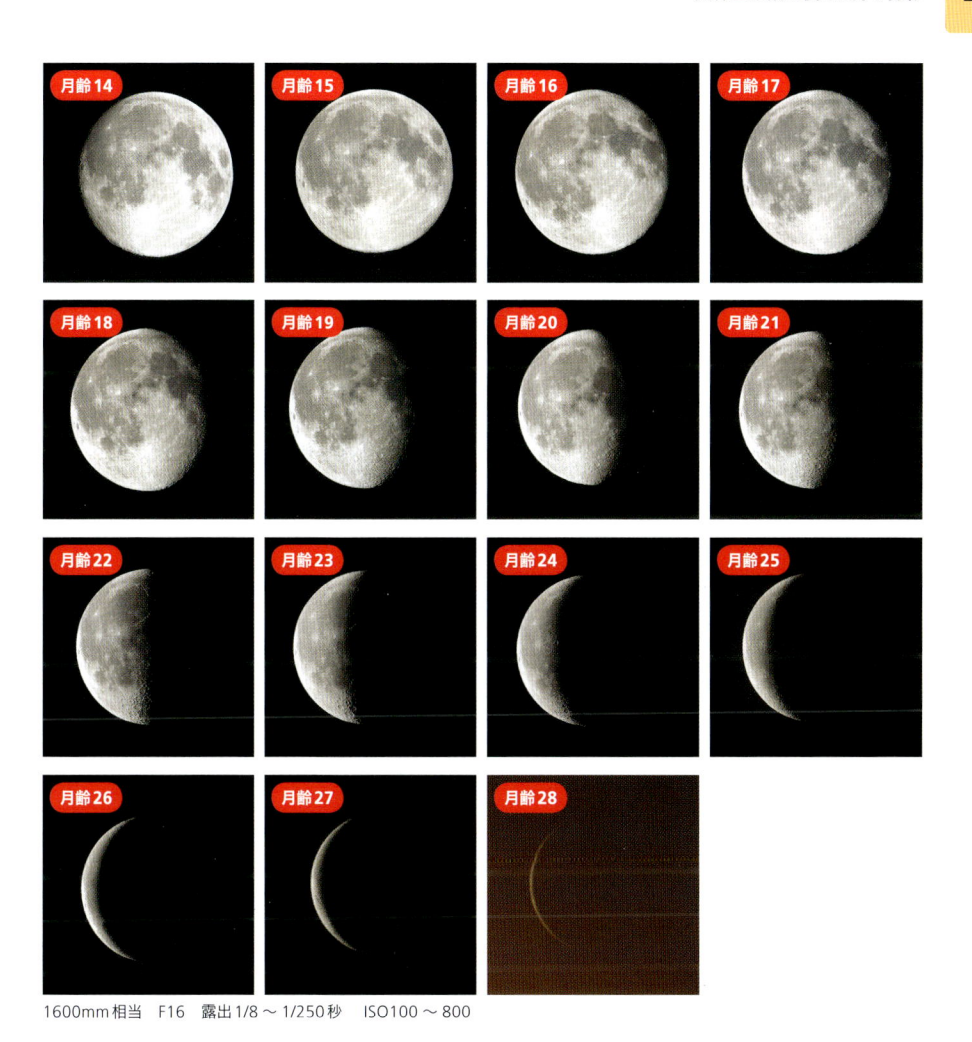

天体望遠鏡を使った月の撮影　4

1600mm相当　F16　露出1/8〜1/250秒　ISO100〜800

パール富士

　天体写真ファンの中にも富士山を取り入れた天体写真をねらう人がいます．その富士山の頂上に太陽が沈む，あるいは昇ることを「ダイヤモンド富士」，そして満月が沈む，あるいは昇るのを「パール富士」と呼びます．ダイヤモンド富士は比較的簡単に撮影できますが，パール富士はなかなかチャンスがありません．満月は平均29.5日に1度しかありませんし，低空だけもやっているようなときは，月が見えなくなってしまうこともあります．ぜひ撮影してみたい光景です．

パール富士
320mm相当
F5.6　露出
1/250秒
ISO200

第 5 章
太陽の撮影

⚠️**注意：太陽の撮影には，失明や火傷といった危険がともないます．撮影の際には十二分に注意を払ってください．**

白色光による太陽
1400mm 相当の天体望遠鏡（2000mm 相当にトリミング）　F17　露出 1/500　ISO100　ND400+ND8+ND8（露出倍数 25,600 倍）フィルター使用
これはふつうの減光フィルターを取り付けて撮影した太陽で，肉眼で見たときと同じように写ります．太陽の表面には黒点がいくつか見えています．撮影：塩田和生

白色光による黒点のアップ
9800mm 相当の天体望遠鏡から 21000mm 相当にトリミング　F120　露出 1/750 秒　ISO100　ND400 フィルター使用
第 6 章で解説する「拡大撮影」法を用いると，このように黒点のアップが撮影できます．焦点距離を大きく引き伸ばしているため，合成 F は約 120 にもなり，ND400 フィルター 1 枚で撮影できるようになります．撮影：塩田和生

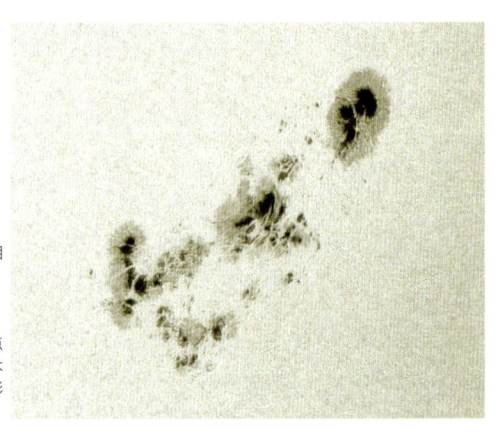

5 太陽の撮影

　太陽は昼間でも撮影できる数少ない天体です．ただし，太陽を撮影する際には，その強烈な光と熱のために，ほかの天体の撮影とはまったく違った注意が必要になります．そのかわり，昼間に短時間で撮影できることから，学校のクラブ活動のテーマになったり，朝の出勤前や昼休みを利用するなどほかの天体では不可能な撮影スタイルをとることもできます．

　太陽の撮影は，第4章の月を撮影する要領と，良質な減光フィルターさえあればすぐにでも始められます．しかし，PL法によって製造者の責任が重くなってから，太陽を撮影するための減光フィルターや，各種の観測装置は国内ではほとんど作られなくなりました．まれに国内で日食が見られるときに，限られた数の減光フィルターが生産されますが，常時入手できるものとなると，輸入品を頼ることになります．このような製品は天体望遠鏡を取り扱う専門店で入手可能です．

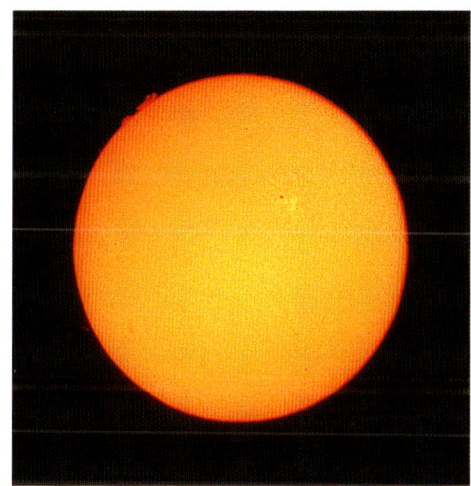

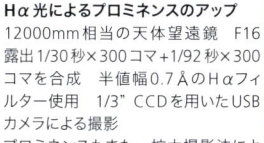

Hα光による太陽
1600mm相当の天体望遠鏡（2000mm相当にトリミング）　F18　露出1/15秒　ISO100　口径90mm 半値幅0.7ÅのHαフィルター使用　日白光による太陽と同じ日に撮影したHα光（波長656.3nm）による太陽です．この波長では，太陽面の複雑な模様や，太陽面から噴き出すプロミネンスといった，非常に興味深い現象を撮影することができます．撮影：塩田和生

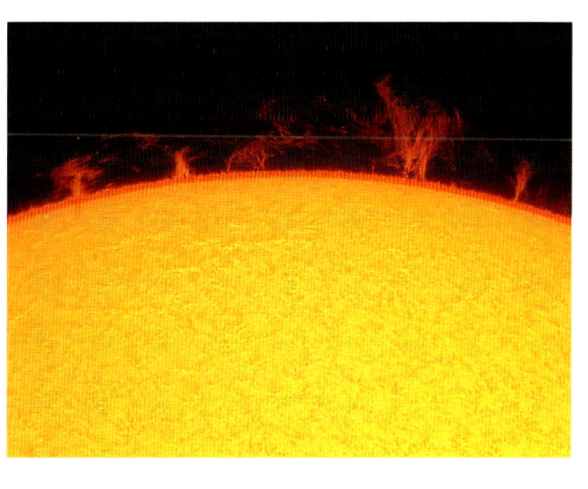

Hα光によるプロミネンスのアップ
12000mm相当の天体望遠鏡　F16　露出1/30秒×300コマ+1/92秒×300コマを合成　半値幅0.7ÅのHαフィルター使用　1/3" CCDを用いたUSBカメラによる撮影
プロミネンスもまた，拡大撮影法によって迫力のある姿をとらえることができます．太陽面に対してプロミネンスが暗いため，露出の異なるカットを合成しています．撮影に使用したカメラはUSBカメラです．撮影：塩田和生

太陽の撮影に必要なもの

白色光での太陽の撮影

　太陽の撮影には，非常に濃度の濃い特殊な減光フィルターが必要になります．最低でも露出倍数が10000倍程度の濃度が必要になるのです．一般の写真店で購入可能な減光フィルターでは，ガラス製で枠に収まったものですと，露出倍数が400倍の「ND400」があります．しかしこの程度の濃度では，合成F値が数十以上になる拡大撮影ならよいのですが，太陽全体の撮影には薄すぎます．ND400を2枚重ねにすれば露出倍数は160000倍となり，ようやく太陽全体の撮影に使えるようになります．また75mm角や100mm角のアセテート製フィルターでは，最高でND4.0という露出倍数が10000倍のものまであります．ただし，これらの写真用減光フィルターの危険な点は，もともと太陽の撮影を前提に作られたものではありませんので，可視光線は減光されていても眼に有害な紫外線や赤外線は充分に減光されていないことです．よって，これらのフィルターを使用して光学ファインダーをのぞくことは，極力避けるようにしましょう．安全に太陽を見たり撮影できるフィルターは，安全と引き換えに，少々高価だったり，太陽像に多少着色することもありますが，天体望遠鏡販売の専門店で入手が可能です．こうした減光フィルターを対物レンズの前に装着すれば，太陽の撮影が行なえます．なお，減光フィルターを光路の途中，と

減光フィルターの例1
右奥はかつて天体望遠鏡メーカーのオプション品として用意されていた太陽観察用フィルターで，金属蒸着が施されているタイプ．太陽観察用プリズムと併用して使うことが前提とされていました．左はアセテート製のNDフィルターで，もっとも濃度の高いものは，ND4.0という露出倍数が10000倍の濃度のものがあります．しかし太陽撮影用ではありませんので，赤外線の透過率が非常に高いです．手前はD5という露出倍数が100000倍の太陽撮影専用フィルターです．

減光フィルターの例2
75mm×75mmという四角い形状をした，D4という露出倍数が10000倍の減光フィルターで，専用のホルダーに装着して使用します．

太陽の撮影

太陽の露出表
ISO感度設定が200の場合に、太陽を撮影する際のおよその露出時間です。大気の透明度や、太陽の高度によって違ってきますので、テスト撮影結果を見て露出を調整してください。

	F4	F5.6	F8	F11	F16	F22	F32	F45	F64	F90	F128
ND400	—	—	—	—	—	—	—	—	1/6400	1/3200	1/1600
D4（露出倍数10000倍）	—	—	—	1/8000	1/4000	1/2000	1/1000	1/500	1/250	1/125	1/60
D5（露出倍数100000倍）	1/6400	1/3200	1/1600	1/800	1/400	1/200	1/100	1/50	1/25	1/12	1/6
ND400×2枚（露出倍数160000倍）	1/4000	1/2000	1/1000	1/500	1/250	1/125	1/60	1/30	1/15	1/8	1/4

※ISO感度設定が200の場合

くに焦点に近い場所に入れると、熱が集中してガラス製のフィルターなら割れたり、アセテート製のフィルターなら焼けたりする可能性があります。減光フィルターは必ず対物レンズの前に装着するようにしましょう。

また、撮影に天体望遠鏡を使う場合には、ファインダーの対物部には必ずキャップをするか、ファインダーにも減光フィルターを取り付けましょう。そうしないと、うっかりファインダーの接眼部に皮膚が触れると火傷したり、ファインダーの接眼部にキャップが付いていると燃えたりすることがあります。

Hα光での太陽の撮影

太陽に興味があり、機材購入のための予算があるのであれば、太陽観察用のHαフィルターの入手をおすすめします。太陽の表面は、白色光ではのっぺりとした感じに見えますが、波長が656.3nmの水素の輝線だけ通す特殊なフィルターを用いれば、とてもダイナミックな太陽をとらえることができます。太陽面の複雑な模様やプロミネンスと呼ばれる炎などがはっきりと見え、それが比較的短時間で変化します。

天体望遠鏡に装着した減光フィルター
天体望遠鏡にD5フィルターとカメラを装着した例です。

Hαフィルターの一例
天体望遠鏡に取り付けた、口径が60mm、半値幅（はんちはば）0.7ÅのHαフィルターです。半値幅は狭いほど、コントラストのよい太陽面を観察することができます。

望遠レンズに装着した減光フィルター
望遠レンズに75mm×75mmのD4フィルターを装着した例です。

内惑星の太陽面経過

　私たちの住む地球をはじめ太陽を回る惑星たちは，その公転の最中にさまざまな天文ショーを繰り広げます．そのうちの一つが，水星，金星という内惑星のみに見られる太陽面経過（日面経過ともいう）です．地球から見て，水星や金星はたびたび太陽の前を横切るのです．これは太陽と内惑星（水星あるいは金星）と地球が一直線に並んだときに見られるもので，内惑星が太陽を背景に真っ黒なシルエットとなって動いてゆくのを観察することができます．

　水星の太陽面経過と金星の太陽面経過では，水星の太陽面経過のほうが頻度が高いのですが，地球に近く，しかも直径の大きな金星の太陽面通過のほうが大きなシルエットとなり迫力があります．しかし金星の太陽面経過はごくまれにしか起きず，20世紀には一度も起きませんでした．

　今後，水星の太陽面経過は2016年5月9日と2019年11月11日に起きますが，日本で見ることができるのは，2032年の11月13日まで待たねばなりません．

　金星の太陽面経過は，2012年6月6日に日本でも見ることができますが，その次は2117年12月11日となります．

2004年6月8日の，金星の太陽面経過
1280mm相当の天体望遠鏡　F8　露出1/2000秒　ISO100　ND400＋ND8フィルター使用　水星の太陽面通過とくらべると，金星はなんて大きいのだろうと感じます．金星自体が水星よりもずっと大きいことと地球に近いために，いっそう大きく見えるのです．このため，太陽の全体像を撮影しても，金星のシルエットははっきりと写ります．

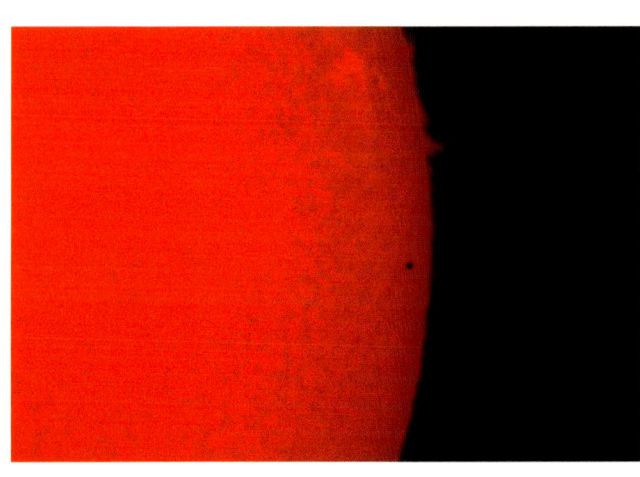

2006年11月9日の，水星の太陽面経過
12,000mm相当の天体望遠鏡　約F200　露出1/640秒　ISO640　0.7ÅのHαフィルター使用　水星はもともと小さな惑星で，しかも太陽の近くを公転しています．水星の太陽面通過は，小さな黒い点がゆっくりと太陽の前を通過していきます．水星のシルエットをはっきりと写すには，ある程度の拡大撮影を行なった方がよいでしょう．

日出や日没の写真

　日出や日没の写真は，天体写真というよりほぼ一般写真といえるかもしれません．撮影も簡単ですぐ終わるので，まずは試しに撮ってみるとよいでしょう．もちろん三脚はあった方がよいですが，手持ちでも工夫すればきれいに撮ることができます．撮影の際，減光フィルターを使う必要はありませんが，いくら高度が低くて減光されているとはいえ，眼を傷める危険があるので太陽をあまり見つめないようにしましょう．できれば三脚にカメラを載せて構図を決め，眼を傷めないためにも極力ファインダーを直接のぞかないようにしてください．

　一般撮影でたいへん人気のある富士山は均整の取れた美しい単独峰で，天体写真ファンの中にも積極的に富士山を取り入れた天体写真をねらう人がいます．その富士山の頂上に太陽が沈む（もしくは昇る）のを「ダイヤモンド富士」と呼びますが，これは天体写真ファンならぜひねらってみたいものです．

　ダイヤモンド富士は比較的簡単に撮影できます．何月何日にどこで見られるかがあらかじめわかっているため，都合さえつければあとは天気次第です．その天気も，相手が強烈な光を放つ太陽ですから，多少透明度が悪くても大丈夫です．むしろ多少大気の透明度が悪くて，適度に太陽光が減光されたほうが撮りやすいでしょう．

　富士山と撮影ポイントとの距離は，ある程度離れた方が富士山と太陽とのバランスがよいです．具体的には100kmほど離れると，富士山の頂の部分（平に見える部分）と太陽の直径がほぼ同じになります．

　ダイヤモンド富士の写真は，富士山との距離が遠くなるほどむずかしくなりますが，撮影の成否は場所の選定と天候に大きく左右されます．最初は富士山の近くで撮影し，徐々に遠くから撮影するのがよいかもしれません．

ダイヤモンド富士
180mm相当　F8　露出1/125秒　ISO100
太陽が富士山頂に沈む直前の写真です．それでも空は露出オーバーで，地上は露出アンダーです．空の透明度が少し悪いくらいの方がよい写真になるかもしれません．

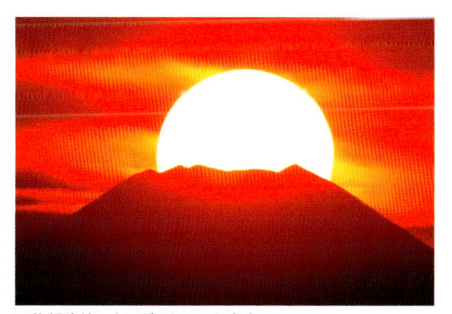

天体望遠鏡によるダイヤモンド富士
1600mm相当　F16　露出1/1000秒　ISO200
太陽が富士山頂からほんの少し右にずれたのが残念です．このときカメラのファインダーはとてもまぶしく，眼を痛めないよう注意しながらの撮影となりました．

第6章
天体望遠鏡を使った
月や惑星の拡大撮影

　天体望遠鏡を使った拡大撮影では，月面のクレーターや山・海など，月面のアップはもっとも撮影しやすい対象です．拡大撮影では，天体望遠鏡の接眼部にアイピースや拡大投影レンズを装着して撮影しますが，アイピースの焦点距離を変えることで倍率を変えることができます．惑星の拡大撮影では，まず目標の惑星を視野に入れるのがむずかしいので，まず，月面の拡大撮影に慣れてから，惑星の拡大撮影にチャレンジしてください．

クラビウス付近
口径355mm　焦点距離3910mm　O-18mm　拡大撮影　露出1/1000秒　ISO6400

拡大撮影に必要なもの

　天体望遠鏡による拡大撮影では，拡大撮影用のアダプターと拡大撮影用のレンズが必要になります．拡大撮影用レンズは眼視用のアイピースでも代用可能です．

　拡大撮影用のアダプターは，アダプターの中に接眼レンズが入るようになっており，その後ろにデジタルカメラが付くのです．拡大撮影では，天体望遠鏡の接眼部からカメラまでの距離が長いため，赤緯軸まわりのバランスが崩れやすくなるので気をつけましょう．

　拡大撮影では，シーイングの影響を受けやすく，シャープな像が撮りにくくなります．

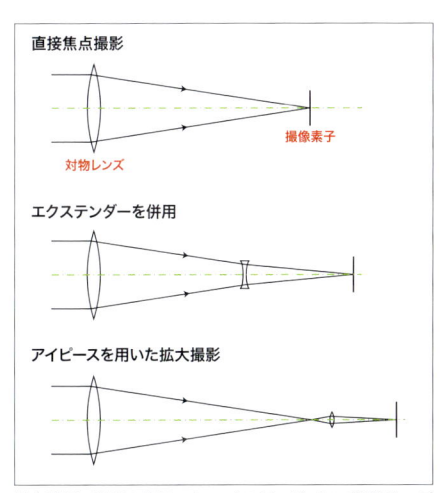

直接焦点撮影

対物レンズ　　撮像素子

エクステンダーを併用

アイピースを用いた拡大撮影

拡大撮影の光路の様子です．エクステンダーレンズが凹レンズ群によって焦点距離を引き伸ばすのに対し，拡大撮影では凸レンズ群で焦点距離を引き伸ばします．引き伸ばしレンズにはアイピースがよく使われますが，本来は拡大撮影専用レンズを使うべきです．

天体望遠鏡に拡大撮影用アダプターの一部とアイピースを，デジタルカメラに拡大撮影用アダプター本体を装着した様子です．この状態で眼視による観察ができ，デジタルカメラをすぐに取り付けることもできます．

アダプターが付いたデジタルカメラを取り付けた状態です．接眼部が弱い鏡筒では，たわみが発生してしまい，正しい光軸が保てなくなってしまいます．

拡大撮影専用レンズ

拡大撮影にはアイピースを使いますが，本来アイピースは眼視用で，拡大撮影に使用すると，周辺部の像が悪化します．惑星の撮影であれば中心部分しか使わないのであまり問題にはなりませんが，月面の撮影では周辺像の悪化が気になります．以前は，拡大撮影専用レンズが数種類発売されていました．

携帯電話でも天体写真が撮れる

　携帯電話に付属しているカメラで天体写真が撮れないか？というと，そうでもありません．天体望遠鏡のアイピースを眼でのぞく代わりに，携帯電話のレンズを光軸が合うようにアイピースにあてがって撮影する「コリメート法」であれば，月や惑星は手持ちでも写ってくれます．公共天文台や市民観望会などで試してみてください．

月や惑星の拡大撮影の手順

　惑星や月のクレーターを大きく見ようと思ったら天体望遠鏡を使って，倍率を上げて観察します．拡大撮影は，このように倍率を上げて天体望遠鏡をのぞくような感じで撮影を行なう方法です．撮影対象を大きく拡大している分，像は暗くなっていますので，直接焦点にくらべて露出時間は長くかかり，ぶれやすくなることに注意して撮影しましょう．

天体望遠鏡を組み立て，拡大撮影用のアダプターを装着する．赤道儀に電源を入れ，動いていることを確認する．

月の撮影と同様に，まずは対象を天体望遠鏡のファインダーの中央にとらえる．

最初は低倍率のアイピースを装着し，撮影対象を視野の中央に導入したら，高倍率のアイピースと交換する．

カメラを装着する．

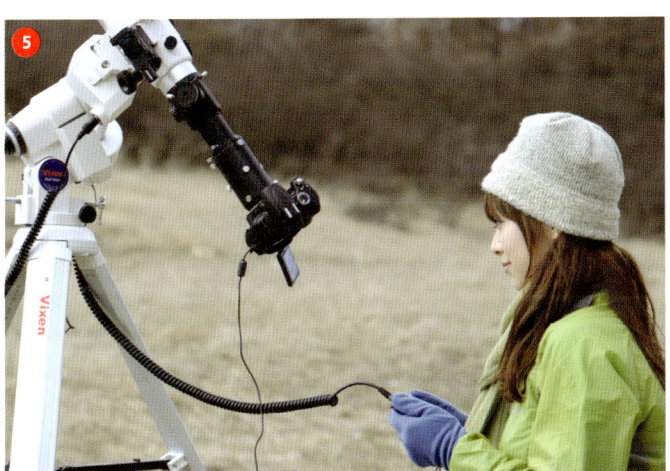

天体望遠鏡を使った月や惑星の拡大撮影 6

カメラの重みなどで，対象が微妙に画面の中央からずれることがあるので，天体望遠鏡のコントローラーを操作して視野の中央にくるよう修正する．

カメラの液晶モニターを見ながら，ライブビューによりピントを合わせる．

ピントが合ったら，ロックネジを締めてピント位置を固定する．この後必要に応じて再度対象を中央に合わせなおし，あとはシャッターを切るだけ．

光路切り替え器（フリップミラー）が装着されていれば，撮影しながらアイピースを使って観望することもできる．

拡大撮影による作例

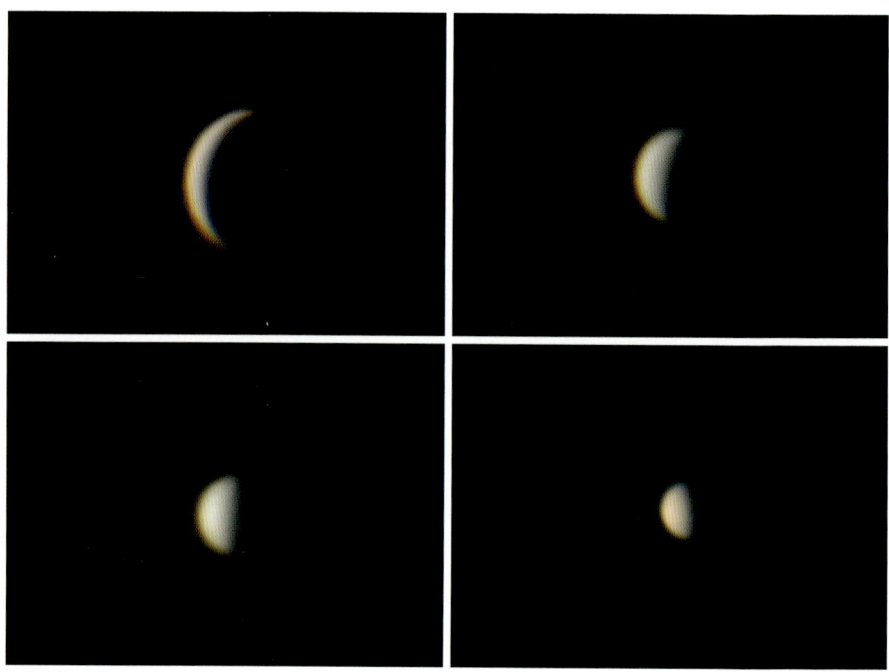

金星の満ち欠け
焦点距離6240mm相当の天体望遠鏡　F11　露出1/125〜1/250秒　ISO200
内惑星の金星は太陽から大きく離れることはなく、また月のように満ち欠けをします。満ち欠けの様子は肉眼ではわかりませんが、天体望遠鏡でははっきりととらえることができます。

火星の模様の変化
火星は天体望遠鏡で見ると、表面に複雑な模様が見えます。これは火星の地形で、月のクレーターと同じようにシーイングがよいときほどはっきりと見ることができます。この3点の写真を見ると、その模様が徐々に右へと動いており、火星が自転しているのがわかります。

6 天体望遠鏡を使った月や惑星の拡大撮影

環が大きく開いた土星と真横から見ることになった土星
土星の輪は、傾いた状態で太陽を公転しています。そのため、1公転の間に2回、環が大きく傾いた状態と、真横から見る状態になり、めずらしい「環の消失」が起こったりします。左が環が大きく開いた状態、中央が少し寝た状態で、右は環の消失から1年後の土星です。

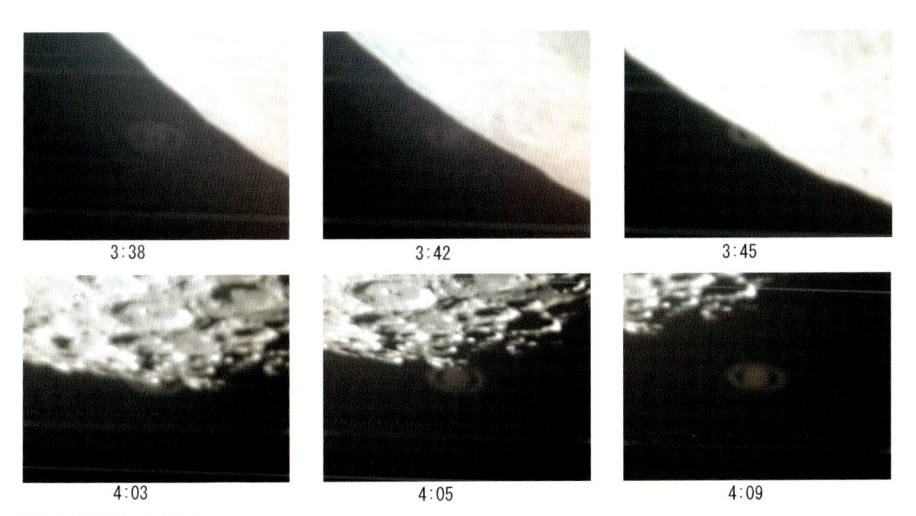

3:38　　　3:42　　　3:45

4:03　　　4:05　　　4:09

2001年10月8日の土星食
合成焦点距離12,000mm相当の天体望遠鏡　F10　露出1/60秒　薄曇りでの撮影。デジタルビデオカメラで動画として撮影し、静止画をキャプチャ。
惑星や月は日々星空の中を動いていきますが、まれに月が惑星を隠してしまうことがあります。こうした現象は珍しいですから、ぜひ撮影にチャレンジしてみましょう。

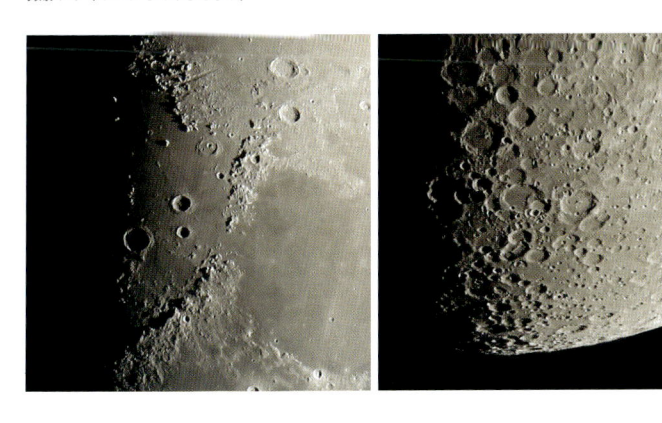

月のクレーター
月の撮影については4章でものべましたが、さらに拡大すると、このようにでこぼことした月の表面の様子まで手に取るようにわかるようになります。月面図などと見くらべてみるのも楽しいでしょう。

109

第7章
天体望遠鏡を使った
星雲星団の撮影

　カメラの望遠レンズで星雲や星団が撮れるようになったら，こんどはさらに焦点距離の長い天体望遠鏡を使った直接焦点で迫力ある星雲や星団の写真にチャレンジしてみましょう．赤道儀もより大型になり星を追尾する精度も要求されますが，撮影のしがいがあるといえます．肉眼では見えない銀河などの美しさは，思わずため息がもれるほどです．

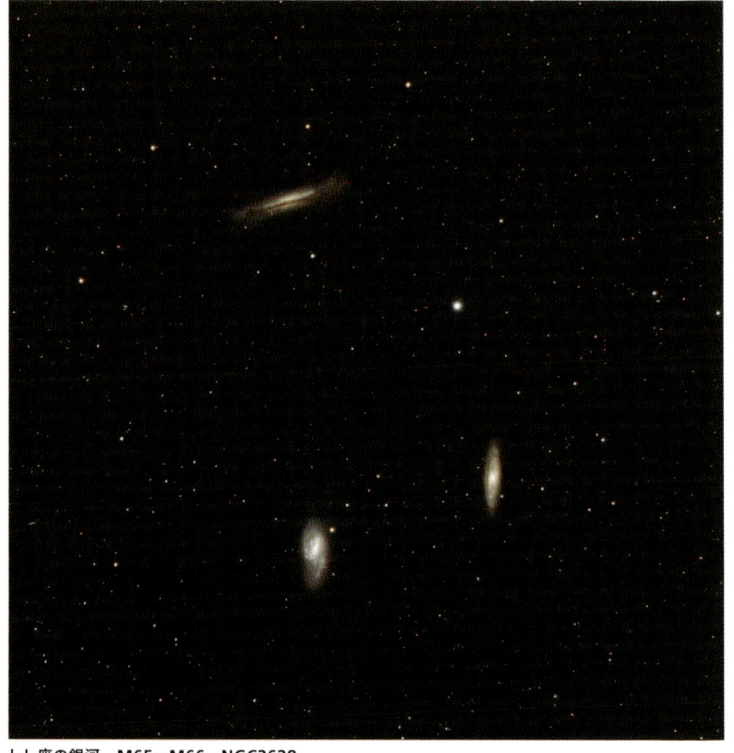

しし座の銀河，M65・M66・NGC3628
1075mm相当　F5.6　露出8分×4コマ　総露出32分　ISO800　上下をトリミング
天体望遠鏡を使って星雲や星団を撮影するのは，天体写真ファンの最終目標になるかもしれません．夜空には無数の星雲や星団があり，それこそ撮りきれないほどの数があるからです．

天体望遠鏡を使った星雲星団の撮影

天体望遠鏡本体
できることなら写真撮影向きの高級なレンズを用いたタイプや、F値の明るい反射式望遠鏡がよいでしょう。合焦機構がしっかりしていることも重要です。

補正レンズ類など
本来は眼視用に設計されている天体望遠鏡を写真撮影の際の写真性能を向上させるのに使います。必ずしもこれらの補正レンズは必要ありませんが、補正レンズを使用するとより高画質が得られます。

カメラ(一眼レフタイプ)
長時間露出や高感度の設定でもノイズの少ない機種が有利です。

カメラアダプター

赤道儀
星雲や星団の撮影の場合、とくに赤道儀の追尾精度と強度が高いことが求められます。その分高価で重量も重くなります。

三脚
撮影に使用する天体望遠鏡の焦点距離や重量に合い、そして赤道儀に合ったしっかりした三脚が必要です。

リモートスイッチ(レリーズ)
カメラブレを防ぐために直接カメラに触れずシャッターを切ることができるリモートスイッチは必須です。タイマー機能などが付いた高機能リモートスイッチがあるとさらに便利です。

赤道儀の電源
赤道儀を駆動させるためには電源が必要です。撮影のほとんどはAC電源の取れないフィールドでの撮影になりますから、乾電池や充電可能なバッテリーを使用することになります。それぞれ専用のバッテリーが用意されていますが、撮影スタイルに応じ、容量の大きなものに変更するなどもできます。

星雲星団の撮影に欲しい 補正レンズなど

　天体望遠鏡での星雲や星団の撮影では，天体望遠鏡のF値が写真用レンズよりも暗いために露出時間が長くなることから，より一層ノイズの少ないカメラが求められます．そして撮影に使用する天体望遠鏡には，良質な光学系，しっかりした接眼部，追尾精度の良い赤道儀が必要になります．

　星雲や星団の撮影で，さらにあるとよいのが補正レンズです．天体望遠鏡の焦点面は，像面湾曲が残っているために画面の周辺部へ行くほどピンボケの状態となり，像が甘くなります．被写体が真ん中にしかない惑星や，月の全景の場合には周辺像の甘さは気にならないのですが，星雲や星団を撮影すると，画面周辺の星が流れて写ってしまいます．そこで登場するのが補正レンズです．

補正レンズ類

レデューサー
レデューサーとは，天体望遠鏡の焦点距離を縮めつつ周辺像を改善し，結果としてF値が明るくなって露出時間を短縮できる，とても便利な補正レンズです．星雲や星団の撮影にはぜひ用意したいオプション品ですので，天体望遠鏡の購入の際には，レデューサーがオプションで用意されているかどうかも検討項目に加えてください．

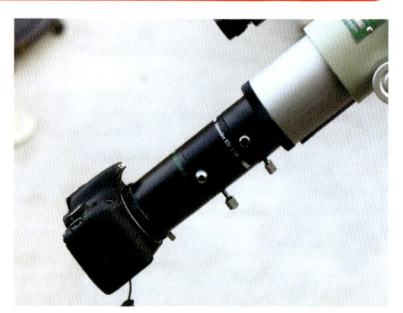

フラットナー
焦点距離を縮めるレデューサーに対し，フラットナーは焦点距離を縮めず，像面湾曲を補正して焦点面を平坦にするための補正レンズです．焦点距離は長いほうが高い解像度が得られますので，露出時間が長くてもよい場合に好適です．もちろん月の撮影にも使えます．

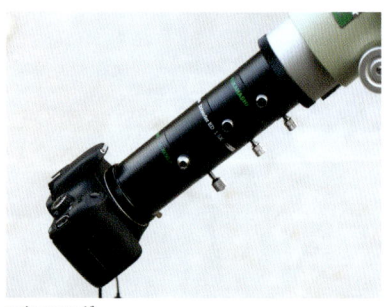

エクステンダー
レデューサーとは逆に，焦点距離を伸ばすための補正レンズです．写真用のテレコンバーターと同じ機能ですが，良質な解像度が得られます．天体望遠鏡によってはフラットナーとの併用が推奨されており，その場合には画面の周辺まで良像が得られます．露出時間が長くかかるようになりますので，星雲や星団の撮影には，あまり出番はないかもしれません．

天体望遠鏡を使った星雲星団の撮影

フラットナーを使用しない場合と使用した場合

未使用 →

使用 →

口径120mm，焦点距離900mmの天体望遠鏡で撮影した球状星団・M13の写真です．補正レンズを使用しない直接焦点の写真では，画面の周辺で星が放射状に流れています．一方，フラットナーを使用した写真では，画面の周辺でも星が点像を保っています．この差はそう大きくはありませんが，焦点距離がもっと短い天体望遠鏡，あるいはF値がもっと明るい天体望遠鏡では差が大きくなります．

カメラマウント

デジタルカメラを天体望遠鏡に取り付ける際に，必ず必要になります．天体望遠鏡メーカーから，カメラメーカーごとに用意されていますので，必ずどのメーカー用かを指定して購入しましょう．天体望遠鏡は，レンズの取り外しができるデジタルカメラであれば，たいていのカメラを取り付けることができます．もしもメーカーの違うカメラを持っていても，カメラマウントだけ用意すればよいのです．もしも天体望遠鏡メーカーから，お持ちのカメラ用のカメラマウントが発売されていない場合，マウント変換アダプターというものもあります．

減速微動装置

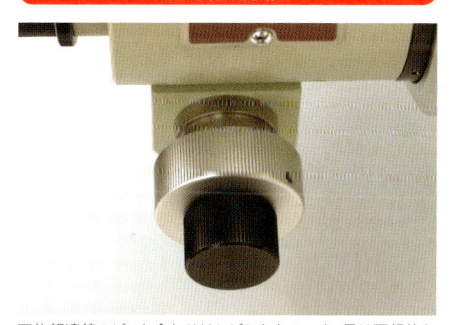

天体望遠鏡のピント合わせはシビアなものです．星は理想的な点光源ですから，少しのピンボケでもはっきりとわかってしまうのです．ところが天体望遠鏡のピント機構は意外と微調整をしにくく，ピントノブを少し動かしただけでもピントは大きく変わってしまうため，天体望遠鏡のピント合わせがむずかしいと感じる人も多いです．そうした人は，オプション品として用意されている減速微動装置を取り付けるとよいでしょう．ピントノブの回転角に対するドローチューブの繰り出しを，数分の1から1/10位に減速してくれます．

星雲星団の撮影に欲しい周辺機器

　天体望遠鏡による星雲星団の撮影は，焦点距離が数百mmから千数百mm，あるいはそれ以上の場合もあります．このような長い焦点距離で，数分もの露出を成功させるには，赤道儀の精度に任せっきり，というわけにはいきません．どうしてもわずかな赤道儀の極軸合わせの誤差や，駆動系の工作精度の限界などから，星が点像にならず，ぶれたように写ってしまします．そこで，撮影用の望遠鏡の上や脇に，「ガイド鏡」と呼ばれる小さな望遠鏡を取り付け，この望遠鏡を使って星の追尾状態を監視しつつ，星の位置がずれたら，位置の修正を行なうのです．かつては人間がガイド鏡をのぞき，星の位置がずれたら赤道儀のコントローラーを操作して修正していました．撮影用の天体望遠鏡の焦点距離が長いほど，わずかなずれでも星は流れて写ってしまいますので，シビアな監視と操作が要求されました．このガイド修正のテクニックが上手な人が，ガイド名人と呼ばれたりもしたのです．しかしこのたいへんな作業は，今ではオートガイダーと呼ばれる装置が替わってくれました．小型のCCDカメラ（あるいはCMOSカメラ）をガイド鏡に取り付け，星の位置はCCDのどのピクセルにあるかで位置のずれがわかり，リレーやフォトカプラーを介して赤道儀のコントローラーを操作するのです．オートガイダーの出現によって人間は赤道儀の修正作業から解放され，星雲・星団の撮影はとても楽になったのです．

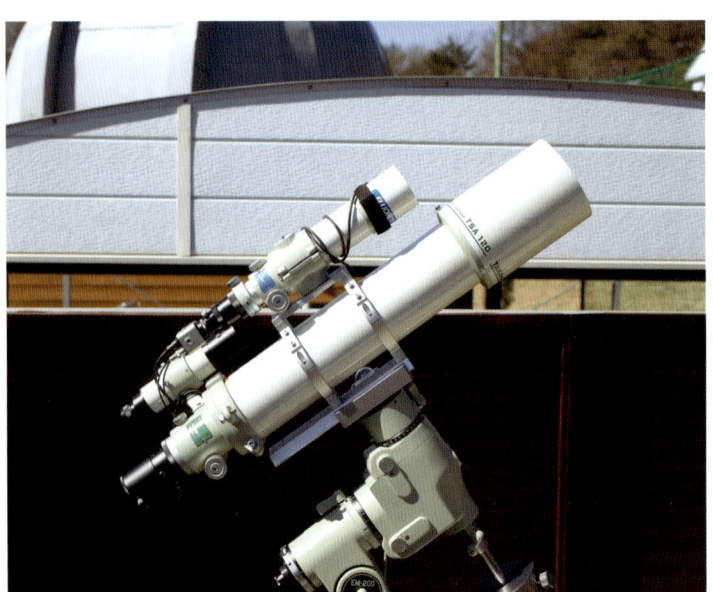

ガイド鏡の一例
天体望遠鏡に同架されたガイド鏡の一例です．ガイド鏡は撮影用の天体望遠鏡よりも小型にして，なるべく赤道儀の負担にならないようにしますが，赤道儀が大きければその限りではありません．この例の場合，撮影用の天体望遠鏡の口径は120mm，ガイド鏡の口径は50mmで接眼部にはオートガイダーに接続するためのビデオカメラモジュールを取り付けています．

天体望遠鏡を使った星雲星団の撮影 7

ガイド用アイピースの一例
ガイド用アイピースとは、アイピースの中に十字線が刻印されたパターンが装着され、LEDによって照明されます。かつては各社から発売されていましたが、オートガイダーの出現によって、こうしたアクセサリーは徐々に減ってきました。

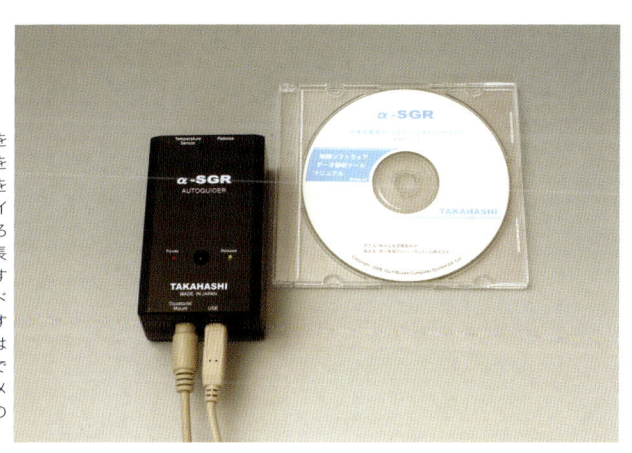

オートガイダーの一例
オートガイダーには、冷却CCDカメラを使うタイプ、USBカメラやWebカメラを使うタイプ、ビデオカメラモジュールを使うタイプ、パソコンと接続して使うタイプ、単独で使用可能なタイプなど、いろいろなタイプがあります。それぞれ一長一短がありますが、撮影効率を考えますと、「ガイド星を探す必要のない」ガイド鏡とオートガイダーの組み合わせがおすすめです。このオートガイダーの場合はパソコンで操作を行ない、USBカメラでもWebカメラでも、あるいはビデオカメラモジュールでも接続可能な汎用性の高いものです。

オフアキシスガイダー
ガイド鏡を取り付けずに、撮影用の天体望遠鏡の光路の一部を取り出し、そこにオートガイダーを取り付ける方法もあります。この装置をオフアキシスガイダーと呼びます。写真は、オフアキシスガイダーに取り付けられた、冷却CCD方式によるオートガイダーです。

星雲星団の撮影の手順

天体望遠鏡を使った星雲や星団の撮影は月や惑星の撮影とは異なり，被写体が暗くて露出時間が長くかかるために，追尾精度の問題からどうしても星が流れて写ってしまいがちです．最初のうちはカメラのISO感度を高く設定し，数十秒から1分程度の露出で始めてみましょう．

天体望遠鏡を組み立て，セッティングが完了し，天体望遠鏡にカメラと補正レンズは装着されているものとします．

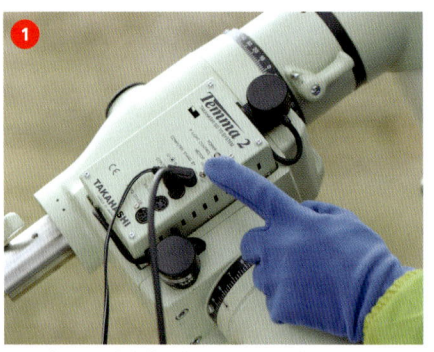

①電源を投入し，赤道儀が動いていることを確認する．

②月の撮影と同じく，まずは対象を天体望遠鏡のファインダーの中央にとらえる．手動で導入する場合は，赤道儀のクランプを緩めて導入した後，しっかりと締めることを忘れないように．星雲や星団は暗いものが多く，最初のうちはどれが目的の天体かわからないもの．何度も撮影しているうちに，徐々に星雲や星団の見え方がわかってくるが，最初のうちはなるべく明るくて大きな天体をねらおう．

星雲星団の撮影の味方，赤道儀の自動導入装置

暗くて導入がむずかしい星雲や星団ですが，その導入を容易にしてくれるものとして，自動導入装置があります．自動導入装置には，ゲーム機のようなコントローラーを操作するものや，パソコンと接続してパソコンの画面から操作するものがあります．

天体望遠鏡を使った撮影では，月や惑星など肉眼でもはっきり見えるものは容易に導入できますが，暗い星雲や星団の撮影では，自動導入装置があると撮影効率がよくなります．かつてはこのような便利なものはなく，撮影はフィルムカメラで，見えない対象を周辺の星の並びから想定して導入し，何十分も露出したものです．そして現像が上がってみたら，対象は画面の中に入っていなかった…，あるいはピンボケだった，星が流れて写っていた，こんな経験をした天体写真ファンは，とても多いのです．

天体望遠鏡メーカー「高橋製作所」の自動導入装置

天体望遠鏡メーカー「ミード」の自動導入装置

天体望遠鏡を使った星雲星団の撮影

❸

対象をカメラのファインダーで確認する

注意：ここでも目的の天体が視野に入っているかどうか、わかりにくいと思います。カメラのISO感度を上げて短めの露出を行ない、対象が画面の中央にあるか、ピントはあっているかテスト撮影を行ないましょう。

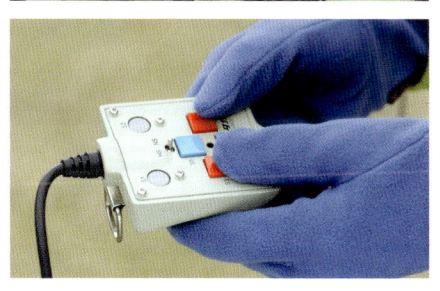

❹

カメラの液晶モニターを見ながら、ライブビューによりピントを合わせる。対象とする星雲や星団では、暗くてピント合わせがむずかしいことが多いので、画面の中にある適当な星でピント合わせをすることになるが、対象を導入する前にピント合わせをすませてもよい。

❺

ピントが合ったら、ロックネジを締めてピント位置を固定する。

❻

ISO感度の設定をしなおし、シャッターを切る。
きれいに撮れるかどうか、楽しみに待ちましょう。もし星が流れて写ってしまっても、試しに何度か撮影してみましょう。極軸が合っていれば、何カットかに1カットは星がしっかり止まったカットがあるかもしれません。ただし、焦点距離が長かったり、露出時間が長くなると、赤道儀にまかせっきりでは星が点像には写ってくれません。その場合にはP.114で解説したガイド鏡を使ってのガイド撮影になります。

117

天体望遠鏡と望遠レンズの違い

カメラレンズの中には，500mmF4とか600mmF4，800mmF5.6といったとても大きな望遠レンズがあります．たとえば500mmF4というレンズは，天体望遠鏡式に表記すると，口径125mm（または12.5cm）F4となります．天体写真撮影の場合，焦点距離が300mmくらいまではカメラレンズを使うことになりますが，400mmくらいからは天体望遠鏡とカメラレンズの両方から選ぶことができます．そうなると，天体写真ファンは天体望遠鏡を選ぶことが多いのです．それは以下のような理由からです．

天体望遠鏡の方が像がシャープ

天体望遠鏡は，焦点に結んだ像を接眼レンズで拡大して観察することを前提に作られています．そのため，回折限界に近いシャープさが求められるのです．ただし，それは光軸上の話であって，光軸を外れる，つまり画面の周辺にいくと，残存する像面湾曲の影響によって徐々に像が甘くなります．この傾向はもちろんカメラレンズにもありますが，天体望遠鏡のほうが顕著です．そこで写真撮影のために，補正レンズというものがオプション品で用意されています．

通常の天体望遠鏡は，屈折式ならレンズを2〜3枚，反射式ならミラーを2枚使ったものがほとんどです．しかし天体写真撮影を前提に作られた天体望遠鏡の場合は，屈折式ならレンズを4枚以上，反射式ならミラー2枚＋レンズを2枚以上といった凝った構成になっています．

天体望遠鏡の方が像がクリア

天体望遠鏡は，少ないレンズ構成のためにおおむね像がクリアです．カメラレンズはオートフォーカスのために，一部のレンズのみ動かしてピントを合わせたり，手振れ補正ユニットを内蔵したりしている関係で，どうしてもレンズの構成枚数が多くなります．また，カメラレンズは極力小型軽量にするため

500mmF4 超望遠レンズ
このクラスのレンズは，おいそれとは手が出ない値段です．そのためはなから天体望遠鏡を選ぶ方も多いことでしょう．しかし野鳥や航空機の写真も撮りたいとなると…とても魅力的なレンズです．

焦点距離500mmの天体望遠鏡
やはり焦点距離が500mmの天体望遠鏡です．口径が違うために直接の比較はできませんが，中心像はすばらしくシャープで，しかも値段はカメラレンズの数分の1です．

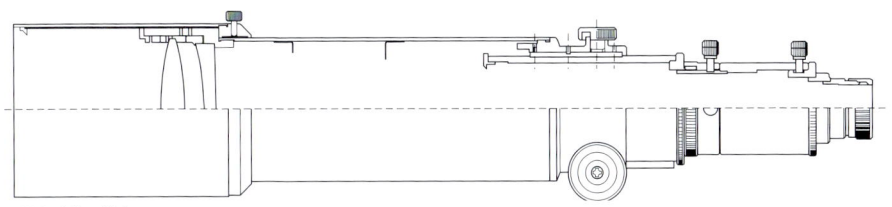

天体望遠鏡を使った星雲星団の撮影

天体望遠鏡の構造
天体望遠鏡は，写真用レンズにくらべるとずいぶんと簡素な造りです．そのため「カメラレンズの方が高性能ではないか」と思われがちですが，そうではないところがおもしろいものです．

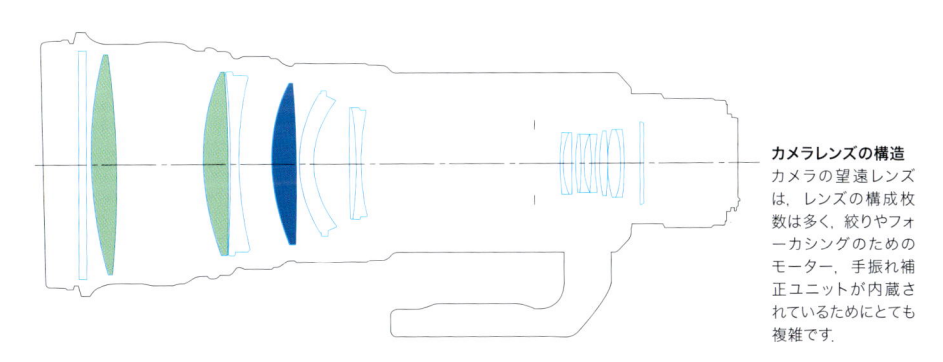

カメラレンズの構造
カメラの望遠レンズは，レンズの構成枚数は多く，絞りやフォーカシングのためのモーター，手振れ補正ユニットが内蔵されているためにとても複雑です．

に，鏡筒を細くせざるを得ません．その点，天体望遠鏡ではピント合わせは手動ですし，小型軽量化はそれほど考えなくてすみますし，太い鏡筒に遮光環（写真レンズでいうフレアカッター）が何枚も入っています．

天体望遠鏡のほうが安価

　天体望遠鏡は構造が簡素なため，その分カメラレンズにくらべ低価格です．像の良さと引き換えに，オートフォーカスも，手振れ補正も，絞りもないのですから，もしかしたら天体写真ファンがカメラレンズより天体望遠鏡を選ぶ一番の理由はこれかもしれません．

　ただし，すべての天体望遠鏡が望遠レンズよりも像がシャープなわけではありません．「品質のよい天体望遠鏡なら」という注釈が付くことを，どうかお忘れなく．そうではない天体望遠鏡も，実際多数存在するのです．

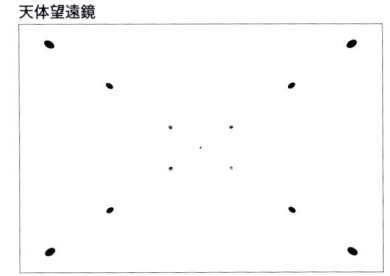

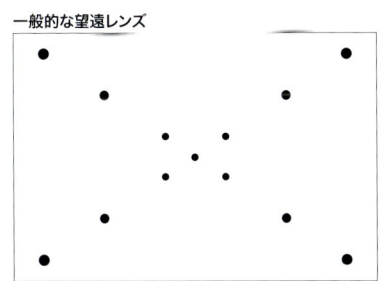

天体望遠鏡

一般的な望遠レンズ

天体望遠鏡と望遠レンズの結像性能の比較（イメージ）
一般的な天体望遠鏡の中心像はすばらしいのですが，画面周辺にいくにしたがって像が悪化します．そして，これを補正するためのオプション品が用意されています．一般的な望遠レンズは，天体望遠鏡よりは甘い結像性能ですが，画面全体に均一な像を結びます．

119

第8章
日食と月食の撮影

　月や惑星そして太陽は，それぞれ固有の運動で見かけ上星空の中を動いていきます．そしてたまに，お互いの存在のために神秘的な天文ショウである，月食や日食が起きることがあります．

日食

　日食のうち，皆既日食はとてもドラマチックです．たとえ99％太陽が欠けたとしても，それは部分日食でしかなく，太陽は眩しくて直視できません．空も少し薄暗いかな，という程度ですが，日射しだけはとても弱くなります．そして皆既の瞬間，突然何か黒い布のようなものでも被せられたかのように，一気に暗くなります．空には明るい星がいくつか数えられ，地平線付近は夕焼けのように赤く染まります．ついさっきまで眩しかった太陽

2004年10月14日，日本で見られた部分日食
ISO100　1300mm相当の天体望遠鏡　F16　1/5000秒
本来ならば部分日食の撮影には減光フィルターが必要なのですが，絶えず雲がかかる天候だったため，ノーフィルターで撮影しています．このような撮影の場合，眼を痛めないよう特に注意が必要になります．

2006年3月29日，トルコで見られた皆既日食
皆既日食では，欠け始めを第一接触，皆既日食の始まりを第二接触，皆既日食の終わりを第三接触，欠け終わりを第四接触と呼びます．第一接触から第二接触の間，そして第三接触から第四接触の間は部分日食となり，非常に濃度の高い減光フィルターを必要としますが，第二接触から第三接触の間は減光フィルター無しでの撮影が可能です．

第二接触
ISO100　600mm相当の望遠鏡
F6　1/1000秒

皆既日食のコロナ
ISO100　600mm相当の望遠鏡　F6
皆既日食は，1/250～1秒の5コマを諧調拡大のために合成

第三接触
ISO100　600mm相当の望遠鏡
F6　1/1000秒

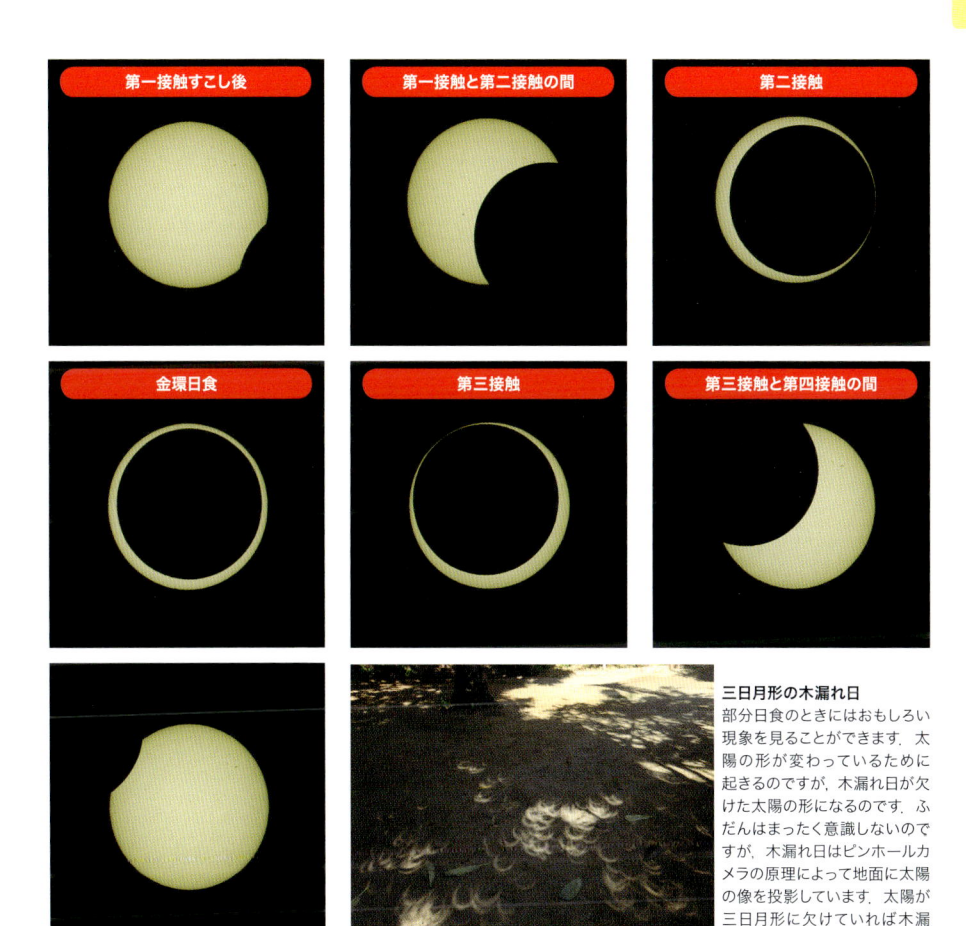

日食と月食の撮影　8

| 第一接触すこし後 | 第一接触と第二接触の間 | 第二接触 |
| 金環日食 | 第三接触 | 第三接触と第四接触の間 |

三日月形の木漏れ日

部分日食のときにはおもしろい現象を見ることができます。太陽の形が変わっているために起きるのですが、木漏れ日が欠けた太陽の形になるのです。ふだんはまったく意識しないのですが、木漏れ日はピンホールカメラの原理によって地面に太陽の像を投影しています。太陽が三日月形に欠けていれば木漏れ日はその形になるのです。

金環日食

ISO100　1280mm相当の天体望遠鏡　F12.8　1/500秒　D5（露出倍数100000倍）フィルター使用　金環日食も皆既日食と同じように、欠け始めを第一接触、金環日食の始まりを第二接触、金環日食の終わりを第三接触、欠け終わりを第四接触と呼びます。金環日食の場合は全行程が部分日食の一種ですので、終始減光フィルターが必要になります

部分日食撮影の目安（感度設定がISO100の場合）

フィルター	絞り	食分40%	60%	80%
D4	F8	1/8000秒	1/6000秒	1/4000秒
	F11	1/4000秒	1/2000秒	1/1000秒
	F16	1/2000秒	1/1000秒	1/500秒
D5	F8	1/1000秒	1/500秒	1/250秒
	F11	1/500秒	1/250秒	1/125秒
	F16	1/250秒	1/125秒	1/60秒

皆既日食撮影の目安（感度設定がISO100の場合）

絞り	ダイアモンドリング	プロミネンス	内部コロナ	外部コロナ
F8	1/250〜1/500秒	1/500〜1/1000秒	1/60〜1/250秒	1〜2秒
F11	1/125〜1/250秒	1/250〜1/500秒	1/30〜1/125秒	2〜4秒

は黒い円盤と化し，そのまわりには不気味な真珠色のコロナが取り囲んでいます．そして皆既の終わりには，月から出た太陽の一点と，まだ見えている明るい内部コロナによって，あたかも天にダイヤの指輪が現われたかのような現象となります．ダイヤモンドリングの出現によって，皆既日食は終わりを告げるのです．この摩訶不思議な皆既日食を追い求めて，太平洋のど真ん中だろうと南極だろうと，日食ファンは出かけて行くのです．

皆既時以外の太陽撮影は，強烈な太陽の光を減光するために，特別に濃度の高いフィルターが必要になりますが，それ以外は月の撮影と同じです．このあたりの説明は，第6章のとおりです．撮影自体は難しくありませんが，くれぐれも太陽の光には注意を払いましょう．間違ってノーフィルターで太陽を撮影しようとすると，失明や火傷のおそれがありますし，カメラを壊す可能性もあります．

月食

月食の撮影は比較的簡単です．月が欠けている様子だけなら50mm相当の標準レンズを使い，固定撮影でも充分撮影できます．しかし標準レンズでは月が小さく，少々物足りないことでしょう．200mmから300mm相当の望遠レンズがあるとかなり大きく写せるようになりますし，第4章のように天体望遠鏡を使えば，一層迫力のある作品になります．月が完全に地球の影に入った状態，つまり皆既食になると露出が多くかかります．皆既のときの月の明るさは，月食ごとに大きく異なりますので，何段階か露出を変えて撮影するとよいでしょう．

皆既月食直前の月
800mm相当の天体望遠鏡
＋2×コンバーションレンズ
F10 露出1/4秒 ISO400

月食撮影のための露出表

	満月（0%）	欠け始め, 終わり	20%	40%	60%	80%	皆既の始め, 終わり	皆既中
F	F8	F8	F8	F8	F8	F8	F4	F4
ISO100	1/250～1/500秒	1/125～1/250秒	1/125～1/250秒	1/60～1/125秒	1/30～1/60秒	1/8～1/15秒	1～2秒	5～10秒
F	F11	F11	F11	F11	F11	F11	F5.8	F5.8
ISO400	1/500～1/1000秒	1/250～1/500秒	1/250～1/500秒	1/125～1/250秒	1/60～1/125秒	1/15～1/30秒	1/2～1秒	3～6秒

8 日食と月食の撮影

これから見られる日食と月食

下の表は，2025年までの皆既日食と金環日食が見られる日にちと場所，そして日本で見られる皆既月食の日にちと条件です．皆既日食や金環日食は，何年かに一度は比較的行きやすい場所で見られますし，皆既月食も何年かに一度は日本で全経過が見られます．ぜひとも今から撮影の予定を立てておきましょう．「皆既日食や金環日食でもなければ，ここに来ることはなかった．」という旅行も，とてもいいものです．

2025年までの皆既日食，金環日食，日本で見られる皆既月食

皆既日食			
2010年	7月11日	クック諸島，タヒチ沖，イースター島	
2012年	11月12日	オーストラリア北部，南太平洋の洋上	
2013年	11月 3日	アフリカ中部～東部	金環・皆既日食
2015年	3月20日	北極，アイスランド	
2016年	3月 9日	インドネシア	
2017年	8月21日	アメリカ西部～東部	
2019年	7月 3日	東太平洋，チリ，アルゼンチン	
2021年	12月 4日	南極	
2023年	4月20日	インドネシア	金環・皆既日食
2024年	4月 8日	メキシコ，アメリカ，カナダ	
2035年	9月 2日	日本（北関東など）	＜参考＞

金環日食			
2012年	5月21日	日本（本州～トカラ列島），アメリカ	
2013年	5月10日	オーストラリア	
2014年	4月19日	南極	
2016年	9月 1日	アフリカ，マダガスカル	
2017年	2月26日	南アメリカ，アフリカ	
2019年	12月26日	インド南部，インドネシア	関東以北で日没帯部分日食
2020年	6月21日	アフリカ，パキスタン，中国，台湾	日本全国で部分日食
2021年	6月10日	アラスカ，北極，ロシア	
2023年	10月14日	南大西洋	
2024年	10月 2日	南アメリカ	
2030年	6月 1日	日本（北海道）	＜参考＞

日本で見られる皆既月食		
2010年	12月21日	皆既中に月出となる
2011年	6月16日	皆既中に月入となる
2011年	12月10日	全経過が見られる
2014年	4月15日	皆既後に月出となる
2014年	10月 8日	全経過が見られる
2015年	4月 4日	全経過が見られる
2018年	1月31日	全経過が見られる
2018年	7月28日	皆既中に月入となる
2021年	5月26日	皆既前に月出となる
2022年	11月 8日	全経過が見られる
2025年	9月 8日	全経過が見られる

第9章
パソコンを使った
簡単な画像処理

　デジタルカメラで撮影された画像は，パソコンとフォトレタッチソフトを使ってレタッチを加えれば，簡単な処理でもぐっと見栄えがよくなります．

　どうもパソコンは苦手で・・・という方も，天体写真のレタッチを機会に，パソコンに触れてみてはいかがでしょうか？

　なお，画像処理の話はそれだけで本が1冊書けるぐらい奥が深いので，ここでは「こんなことができる」ということを知っていただければと思います．

用意するもの

パソコン本体

　汎用性の高さではOSにWindows（ウインドウズ）を搭載したパソコンをおすすめしますが，使うソフトウエアが対応していれば，Macintosh（通称Mac：マック）でも問題はありません．OSは最新版でなくても構いませんが，メーカーがサポートしてくれるバージョンにしておきたいものです．

　パソコンのスペックとしては，CPUの速度は速いほど，メモリーやハードディスクの搭載量は多いほどよいのですが，現時点での一例として「2並び」を推奨しておきます．CPUはCore2以上，クロックは2GHz以上，メモリーは2GByte以上，ハードディスクは200GB程度（システム用，アプリケーション用，データ用，バックアップ用など，ハードディスク数台でシステムを構築します．一部外付けにするのもよいでしょう）というものです．

モニター

　かつてモニターといえばブラウン管モニターでしたが，現在は液晶モニターが主力となっています．液晶モニターは軽量かつ薄型で解像度も充分ですが，写真を表示した際の見え方は製品によって随分違います．液晶モニターの欠点として，色合いやコントラストの調整範囲がブラウン管モニターよりも狭いことが多く，そのために液晶モニターを嫌う方もいます．

　業務用のカラーマネージメント液晶モニターを選べば不満は少ないですが，少々値段も高くなります．もし安くてよい液晶モニターが欲しい場合，多数の液晶モニターを並べている量販店で，高価なカラーマネージメント液晶モニターと遜色ないモデルを選ぶのもよいでしょう．ただし，同一の製品でも製品個々で見え方が違うことがありますので，この点は覚悟しておきましょう．

パソコンを使った簡単な画像処理

画像処理に用いるモニターには、画像が見やすく、色や諧調をしっかり描写してくれるものを選びましょう．

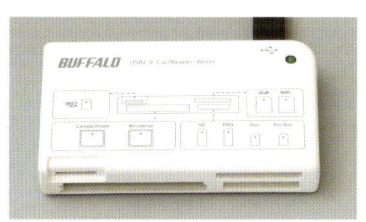

メモリーカードリーダー
デジタルカメラのメモリーカードから画像を読み込むために、カードリーダーと呼ばれる機器が必要です．安価な製品で充分ですが、所有しているメモリーカードに対応しているか確認しましょう．

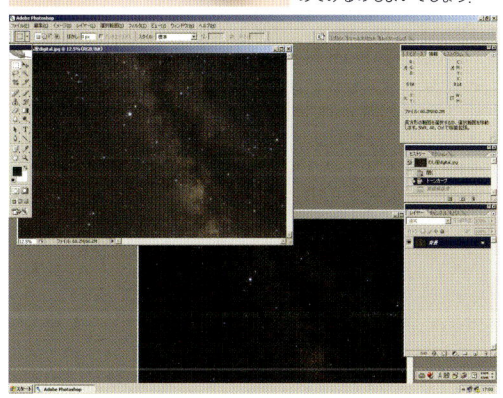

フォトレタッチソフト
市販のフォトレタッチソフトは、それぞれ一長一短があります．高価なソフトはそれだけ機能が豊富ですが、必要のない機能もたくさんあります．デジタルカメラによっては、フォトレタッチソフトが付属していることがあります．簡単なレタッチなら付属のソフトで充分ですので、まずはそれで始めてみるのもよいでしょう．

ADOBE® PHOTOSHOP®による表示（以下同じ）

パソコンによるレタッチの例

レベル調整

画像のシャドウ，ハイライトのレベルやγ値を調整するのに使います．露出アンダーの画像を明るくしたり，露出オーバーの画像の背景を暗くしたりするのに使います．もっとも簡単で効果がわかりやすい処理です．

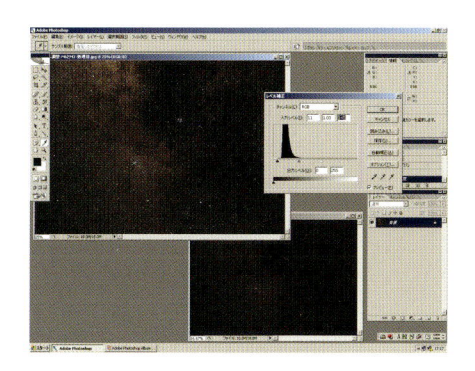

125

トーンカーブ調整

　画像のコントラストの調整や，微妙な諧調補正などに使います．たとえば，画面の中に淡い星雲や銀河があり，それを強調したい場合などに効果的です．レベル調整で大まかなシャドウ，ハイライトレベルを調整し，トーンカーブ調整で細かな諧調補正を行なう，といった使い方をします．

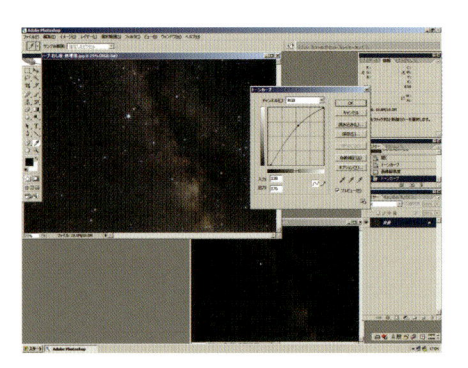

カラーバランス調整

　シャドウ，中間調，ハイライトごとなどに分けて，カラーバランスを調整することができます．たとえば光害の影響を受けて背景が緑色やオレンジ色に色かぶりしている場合や，月光や薄明の影響で背景が青く色かぶりしている場合に，それを調整することができます．より細かな調整は，トーンカーブ調整で行ないます．

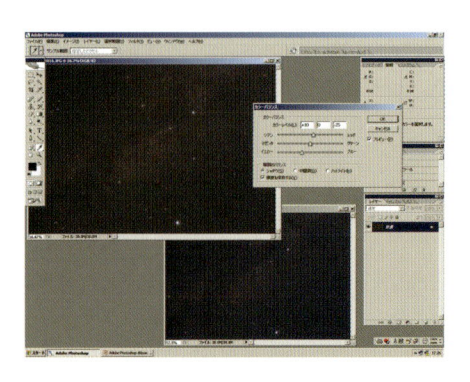

複数画像の合成

コンポジット処理

　ガイド撮影で同じ対象を構図を変えずに複数枚撮影していれば，これらの画像を加算平均することによってノイズを減らし，画質を向上させることができます．仮にn枚の画像があれば，ノイズを$1/\sqrt{n}$にすることができます．

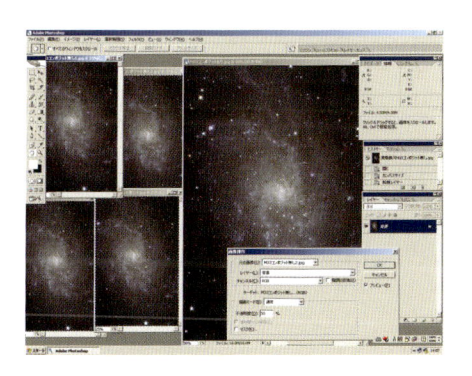

比較「明」合成

　固定撮影で構図を変えずに複数枚撮影し，その画像を比較「明」合成することで，多重露出したかのような効果が得られます．多重露出との違いは，合成枚数分の光が蓄積されるのではなく，画像と比較して，明るい部分のみが採用され合成される点です．このため，たとえば空の明るい都会でも日周運動の写真が得られます．

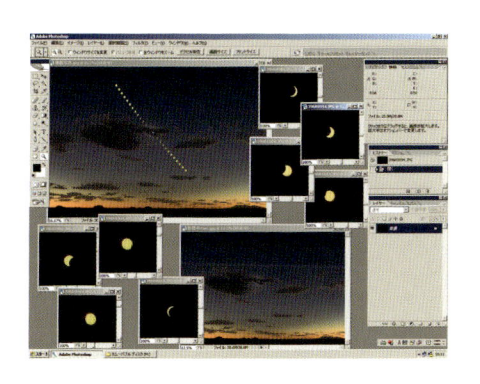

ダーク減算

長時間の露出を行なった画像には，暗電流ノイズ（ダークノイズ）と呼ばれる固定パターンノイズが含まれています．レンズにキャップをするなどして暗電流ノイズだけが写った画像を撮影し減算することで，ノイズ成分を除去することができます．

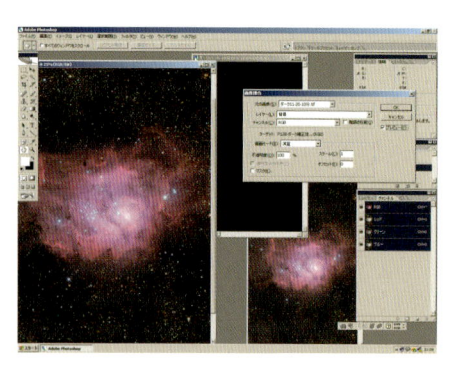

RAW形式とJPEG形式

レベル調整やトーンカーブ調整により，天体写真の諧調調整を行なう場合，軽微な調整ならJPEG画像からでも充分な画質を保って処理することができます．しかしメリハリをつけようと強めの調整を行なうと諧調が失われ，トーンジャンプ（諧調飛び）を起こして画像が荒れてしまいます．JPEG形式の画像は8bitつまり256諧調の画像です．そのまま手を加えないのであれば充分な諧調がありますが，処理を加えることによって諧調が減ってしまうためです．RAW形式はカメラによって異なりますが，12bit（4096諧調）から14bit（16384諧調）の諧調があり，画像の荒れは少なくてすみます．強めの処理をかけたい場合には，RAW形式から処理したほうがよいでしょう．とくに露出不足やカラーバランスが崩れた画像の救済には有効です．しかし「RAW形式で撮影しておけば，後でどうにでもなる」というのは誤りです．撮影時にできるかぎり適正な画像を得るようにしましょう．

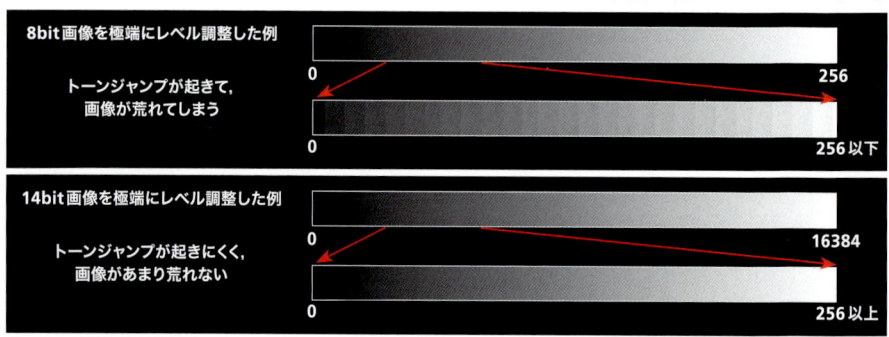

8bit画像を極端にレベル調整した例
トーンジャンプが起きて，画像が荒れてしまう
0 — 256
0 — 256以下

14bit画像を極端にレベル調整した例
トーンジャンプが起きにくく，画像があまり荒れない
0 — 16384
0 — 256以上

天体写真の撮影に出かけよう！

©NASA

どこに撮影に出かければいいの？

　天体望遠鏡を使った月や惑星の写真は別にして、星の写真撮影や、星を眺めて楽しもうと思ったら、まず「夜空が暗くて星がよく見える場所」へ、出かけなければなりません。具体的には「天の川が見える場所」としておきましょう。そのためには、
・大都市からはなるべく遠く離れている
・地方の街であっても、明るい街中からは離れている
・近くに明かりがない
・なるべく視界の開けた場所
を見つけなければなりません。

　ところで日本という国には、狭い国土に多くの人が暮らしています。どこへ行っても光が非常に多く、夜空を明るく照らしています。さらにまわりが海で湿度が高く、曇りや雨の日が多いなど、天体写真の撮影にはあまり適した国ではないかもしれません。しかし、夜一人で出歩くことが危険な国や、カメラが非常に高価な国もまだまだ多いことを考えると、とても恵まれていると思います。

　そんな夜空の明るい国で、どこへ星の撮影に行けばよいかは、人工衛星が撮影した夜の日本列島の画像（左写真）を見てみるとよいでしょう。日本の形がはっきり浮かび上がっています。この画像で白くなっているのが光の強い場所、すなわち夜空が明るい場所ともいえます。とくに大都市部は真っ白になっており、そこではせいぜい2〜3等星までしか見ることができません。しかし、たとえそのような場所に住んでいても、100〜200kmほど離れると、空が暗い場所があることがわかります。地方都市なら50kmくらいでもよいでしょう。車や電車を使い、できるだけ空が暗く、視界の開けた場所へ行きましょう。さらには近くに街灯などの明かりがなく、道路を走る車の影響が少ないことが重要です。天体写真をきれいに撮るポイントの一つは、いかに人工の光から逃れるかということなのですから…。

おすすめ撮影スポット

○高原地帯にある草原など

　平野部に生活の場が集中しており，湿度の高い日本では，標高の高い場所の方が星を見るのには有利です．標高が高い場所というとまず山の頂上などを思い浮かべますが，手軽に行ける場所ですと，高原地帯にある草原や牧場，夏場のスキー場（夜間照明が点いていない）などは，ほどほどに視界がよく，登山の装備なども必要ないので，魅力的な撮影地です．

○林道や登山道の途中にある見晴らし台

　山の中を走る林道や登山道の途中には，ちょっとしたベンチがあって休憩ができるようになっており，山がきれいに眺望できる「見晴らし台」とよばれる休憩場所があったりします．こうした場所は全天が開けていることは少ないのですが，見晴らし台とよばれるだけあって，片方向の視界はすばらしいでしょう．自分の撮りたい方角が開けていたらしめたものです．

○山の中にある駐車場

　山岳道路や峠道などにある駐車場やチェーンの着脱場で，夜間照明が点かず視界が開けた場所は，天体写真ファンに人気です．しかし公共の場所で，ほかの車の出入りもありますから，なるべく交通量の少ない道路にある駐車場を探しましょう．また，すでに誰かが撮影をしている場合があるので，ヘッドライトを消してスモールライトにするなど注意が必要です．

天体写真の撮影に出かけよう！

○手軽に行ける山小屋

　山小屋といっても，しっかりした登山装備で登らなければならないような所にあるものばかりではありません．車で行ける山小屋もありますし，民宿に近いような山小屋もあります．中には天文台があったり，天体望遠鏡を備えている山小屋もありますので，調べてみるとよいでしょう．山小屋のまわりには視界のよい場所があることが多いのもポイントです．

○山の頂上

　山の頂上は，なんといっても抜群の視界が魅力です．ただし，視界がよすぎて逆に市街地の明かりが見えてしまい，気になることもあります．ハイキングで登る程度の山でも撮影機材をかついでの登山はなかなかたいへんですから，無理をせず，避難小屋やトイレの確認などもしっかりしておくようにしましょう．最初は経験のある人と一緒に行くとよいでしょう．

○海辺や湖畔

　水平線まで空が開けている海辺も，山や草原などとひと味違ってよいものです．海面に月の光が映る様子なども美しいものです．ただし，海面に水蒸気が溜まり雲がわきやすいともいえます．また，満潮時に思いがけず潮が満ちてきて機材を濡らしてしまったり，風で潮がかかってしまったりしないよう，カメラの設置場所や荷物の置き場に注意しましょう．

天体写真の撮影に出かけよう!

ペンションでの天体写真撮影

　高原にあるペンションでの天体写真撮影は，撮影場所についての知識のない初心者や，高齢の方，女性におすすめです．宿泊費はそれなりにかかりますが，きれいな部屋においしい食事が付いていて，トイレやお風呂の心配もありません．撮影中に天気が急変しても安心です．また，車がなくても駅まで送迎してくれたりしますし，前もって撮影機材を送っておくこともできます．こうしたペンションの選択に重要なのは，

・夜空の暗さや視界の良さなど，天体写真撮影に適した場所にあるかどうか
　行ってみたら視界が良くなかった，あるいはすぐ近くにあるほかの建物の光がじゃまになったということがありえます．

・深夜の出入りなど，天体写真の撮影に理解があるかどうか
　夜○時以降は施錠しますので，出入りはご遠慮ください．といったようなことがありえますし，そうでなくとも一晩中起きて星を見ていたりするので，あまりよい顔をされないかもしれません．

ということを念頭に入れて選びましょう．

　天文台のあるペンションなら，大型の天体望遠鏡で星を見せてくれたりしますし，オーナーさんが天体写真ファンだったら，撮影のアドバイスもしてもらえます．よい拠点を見つけられると，末永く天体写真を楽しむことができるでしょう．自分だけの撮影拠点をぜひ見つけてください．

夜空が暗くて視界が抜群，天体写真ファンのオーナー‥‥そんなペンションなら，ぜひ泊まってみたいですね．

天体写真の撮影に出かけよう！

夕暮れどき，夕焼け空に三日月が輝いていると，今夜の星空に期待が高まります．食事を早めにすませて撮影を始めましょう．天文台ドームのスリットの間からは満天の星空の一部しか見られません．それがちょっと残念ですが，一歩外へ出たら降るような星空です．

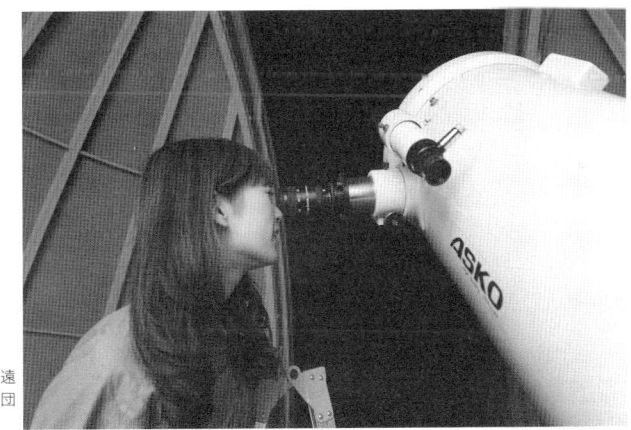

天文台ドームの中では大型の天体望遠鏡で天体観測．土星や木星，星雲星団が手に取るように見えます．

夜のペンション
部屋の明かりは少々気になりますが、カーテンさえ閉まっていれば撮影にはあまり影響はないものです。自分の部屋の明かりは必ず消しておきましょう。

カノープス
冬の季節、南の空の地平線まで晴れていれば、見ると長生きできるといわれている、りゅうこつ座の"カノープス"も見られるかもしれません。

ノートパソコンがあると何かと便利です。今夜の星空をシミュレーションしたり、撮影のための画角をシミュレーションしたりできます。

夜中まで撮影して、お腹がすいたら夜食タイム。冬なら温かい飲み物などがあるとうれしいものです。ひと休みしたら、撮影再開！

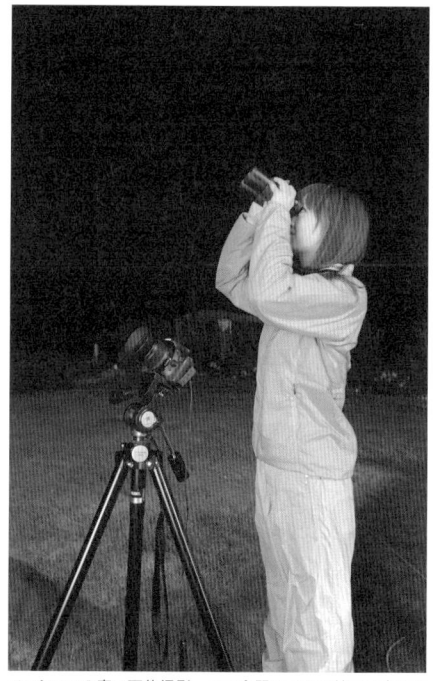

ペンションの庭で天体撮影、その合間には双眼鏡で星空を眺めましょう。小さな双眼鏡でも楽しめる天体が意外にたくさんあります。

天体写真の撮影に出かけよう！

公開天文台に行ってみよう

　公開天文台とよばれる，一般市民に公開することを目的とした天文台は，日本各地にあります。こうした天文台では，天体写真撮影のためのスペースがあったり，機材を安価に貸してくれたりします。また，天体観望会や勉強会などが開かれることもあります。近くにそうした天文台があれば，一度訪れてみましょう。もしちょっと遠くても最寄りの駅から天文台までバスが出ている場合もありますので，行き方を調べて小旅行気分で出かけるのもよいかもしれません。天文台にある大口径の望遠鏡を使った観望会があれば，ぜひ参加してみてください。ふだん見上げているのとはまた違った星ぼしの姿におどろくはずです。また，この望遠鏡を使って天体写真の撮影ができる天文台もあります。とくに月や土星などの惑星の撮影は比較的容易で，携帯電話に付いているカメラを使っての撮影会も行なわれているほどです。公開天文台にいるスタッフは，もちろん天文についての知識が豊富なので，わからないことや疑問に思うことに答えてもらえるのもうれしいところです。

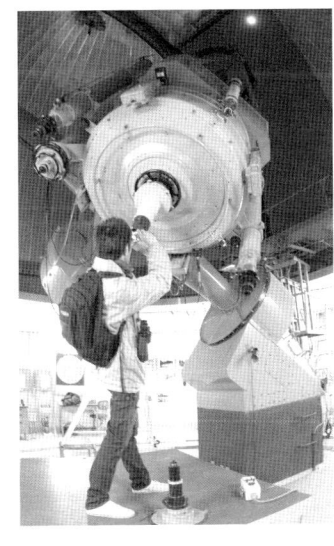

公開天文台の大口径の望遠鏡なら，コンパクトデジカメや携帯電話に付いているカメラでも，比較的簡単に月や惑星の写真を撮影することができます。

公開天文台が近くにあれば，ぜひ一度訪れて観望会にも参加してみましょう。天文台では，さまざまな情報が入手でき，わからないことはスタッフに質問することもできます。

車で撮影に出かけよう

　天体写真ファンに人気が高い車は，やはり機材が積みやすく，車内で仮眠のできるワゴン車やミニバンです．車に機材を積み込む際には，振動で機材が痛まないよう，クッションを工夫してください．また，山道などで機材が暴れないよう，配置や固定もしっかりとしましょう．車で出かける撮影は，なんといっても機材の運搬が楽ですし，行ける場所の選択肢も格段に広がります．

　車に機材を積み込んだら，いよいよ撮影に出発です．さて，車で行ける撮影場所としては，p132のように山の駐車場や海辺などがありますが，ほかにはどのような場所があるでしょうか？　また，逆に避けた方がよい場所はどこでしょうか？　自分のお気に入りの撮影地を見つけるのもまた楽しいものです．ただし，私有地に無許可で入り込んだり，危険な場所に立ち入るなどはくれぐれも避け，あくまでマナーを守るようにしましょう．

林道での運転は慎重に

ロケーションの良い場所を見つけたらさっそく機材を組み立て撮影の準備に入ります．

キャンピングカーで出かけるという手もあります．キャンピングカーにはベッドやキッチン，トイレやシャワーまで付いており，長期間の移動にはとくに快適です．仲間と一緒に出かけるのもいいでしょう．

カメラや天体望遠鏡は精密機器なので，車の中でぶつかったり，振動で傷めたりしないよう，置き方に工夫したいものです．機材を全部積み込んだら，さあ出発です！

撮影に向く場所・向かない場所

○オートキャンプ場
安全で快適という意味でオートキャンプ場はなかなかよい場所です。キャンプサイトからAC電源を取ることができるので、カメラのバッテリーもいざとなれば充電できます。ただし、夜中、周囲の人に迷惑をかけないよう充分な配慮が必要です。

△河原や土手
都市近郊の河原や土手は視界がよく、天体望遠鏡を使う撮影ならば組み立てるのに安全なスペースがあればよい場所です。ただし山間部では視界が悪いことが多く、車のスタックの危険やダム放水などがあるので、おすすめできません。

△山道のカーブのアウト側
山道を走っていると、ところどころ路肩が広くなっていて、車を停めるスペースがあります。カーブの途中にもそういった場所があるのですが、アウト側はあまりおすすめできません。両方から来る車のヘッドライトに照らされるし、突っ込んでこられる危険も…。

○山道のカーブのイン側
山道のカーブの途中で撮影をするなら、迷わずイン側を選びましょう。安全面からも、アウト側よりもずっと落ち着いて撮影ができます。ただし、いうまでもなく道路にはみ出して撮影するのは厳禁です。

○畑の中のあぜ道
畑の中のあぜ道は視界もよいし、明かりもなくて天体写真を撮るのになかなかよい場所です。しかし私有地ですから、勝手に入って撮影するのはいけません。よい場所を見つけたら所有者を訪ねて、星の写真を撮っていいか尋ねてみるとよいでしょう。

△高速道路のSA、PA
高速道路沿いにあるサービスエリアやパーキングエリアは、場所によっては開けていて、駐車スペース周辺で撮影できるような場所がある場合があります。もちろん、駐車スペースを使うことはほかの車の迷惑になるのでやめましょう。

公共交通機関で撮影に出かけよう

電車やバスなど公共の交通機関で撮影に出かけるのも悪くありません。車窓からゆっくりと景色を眺めたり、夜の撮影に備えて休息をしたりと気楽なものです。登山をするなら大きな機材は持っていけませんが、宿に泊まるなら機材は先に宅配便で送ることもできます。

たとえば天気の悪い梅雨の時期など飛行機を使って本州を脱出してみるのはどうでしょうか。北海道なら梅雨の影響は少なく、沖縄ではすでに梅雨が明けて夏に入っていることでしょう。どうしても撮りたい天文現象がある場合には、天気を最優先にして晴れる場所に遠征することもあります。到着したらレンタカーを借りて、撮影機材とともに目的地へという撮影スタイルもあります。

日本では船旅というのはあまりなじみがないかもしれませんが、調べてみると国内の定期航路は意外に多く運行されています。カーフェリーを使えば、ふだん撮影に行っている車ごと移動できますし、機材の量も飛行機での移動にくらべ余裕があります。また、船でしか行けないような離島も多く、これらの離島は天体写真の撮影に適していることがよくあります。

それこそ、日本では見ることのできない南天の星空を南半球のオーストラリアへ撮影に遠征したり、皆既日食や流星雨など、見られる場所や時間が決まっている天文現象を地球の反対側まで追い求めて遠征するなど、「天体写真に対するイメージ」とは逆に天体写真撮影はとてもアクティブな趣味なのかもしれません。

船での移動はのんびりしているので体を充分休めることができます。ただし、慣れないうちは船酔いに注意しましょう。夜に航行する船であれば、観望デッキから星空を楽しむこともできます。

短時間で長距離を移動できる飛行機は、海外遠征や国内の遠距離の移動に使いますが、どうしても晴れている場所に短時間で移動したい場合などにも利用します。持っていける機材の量が限られてしまうので、機材をコンパクトにする必要があります。

公共交通機関で気軽に遠征できるのが電車とバスです。とくに電車は時間が決まっているのでスケジュールを立てやすく、大人数で出かけるときや車を運転できないときなど便利です。公共機関を上手に使って行ける撮影地などを見つけておくと便利です。

おわりに

　深夜，山の中でぽつんと一人天体写真を撮影していると，いろいろな音が聞こえてきます．木のざわめき，鹿の鳴き声，海辺や湖畔での撮影では波の音もあります．ふだん街中で生活しているとまったく気がつかない自然の音です．

　そして満天の星に向けたカメラのシャッター音が，なぜか心地よく響きわたります．一般の写真とくらべると，桁違いに長い露出が終わり，シャッターが閉じて画像が液晶モニターに表示され「さて，写り具合はどうだろう？」と液晶モニターをわくわくしながらのぞく気分は，何度経験してもよいものです．

　「天体写真」というまだまだ少数派の写真を続けていると，同じ志を持つ人とのすばらしい出会いがよくあります．撮影地で一緒になることもありますし，同じ講習会に参加したりすることもあります．年齢や性別，職業を問わず，まるで昔からの友人のように心を通わせることがあるのです．これは天体写真に限ったことではありませんが，ライフワークを持つことのすばらしさだと思っています．

　本書は，天体写真の撮影に出かけるとき，ぜひ持ち歩いていただきたいと思っています．撮影しながら必要に応じてページをめくり，重要な箇所にはマーキングしても，付箋を付けてもいいでしょう．この本書が，皆さんの天体写真ライフの手助けになれば，筆者としてたいへん光栄なことです．

　最後になりますが，本書の発行にあたり多くの方々に協力していただきました．この場をお借りしてお礼申し上げます．

Citation for (8702)
The following citation is from MPC 56612:
(8702) Nakanishi = 1993 VX3
Discovery date : 1993 11 14
Discovery site : Nyukasa
Discoverer(s) : Hirasawa, M., Suzuki, S.

Akio Nakanishi (b. 1964), one of the best-known astrophotographers in Japan, has contributed to Japanese amateur astronomy by developing cooled CCD cameras. He is a member of Mt. Nyukasa station, where this minor planet was discovered.

小惑星（8702）Nakanishi

中西昭雄

1964年、東京都板橋区に生まれ、育つ。有限会社ナカニシイメージラボ代表取締役。小学5年生時の理科の授業から星に興味を持つようになる。大学時代はコマーシャルカメラマンの助手を務めながら写真の勉強をし、約10年間の会社勤めを経て有限会社ナカニシイメージラボを設立。微弱光撮影装置のエンジニアであり、数少ないプロの天体写真家として活躍中。II-CCDカメラや冷却CCDカメラといった微弱光撮影装置を、大学や研究機関などに納める仕事をする一方で、新聞、雑誌、TV、教育図書、メーカー広告など各種メディアに天体写真を提供している。おもな著書に「EOS DIGITAL 天体撮影ガイドブック」（キヤノン）、「星雲・星団写真星図」（誠文堂新光社）、「すぐにさがせる！光る星座図鑑」（（株）旬報社）など。

<モデル>
泉 里香（サンミュージックプロダクション）
<協力>
株式会社ニコンイメージングジャパン／キヤノンマーケティングジャパン株式会社／株式会社ビクセン／株式会社高橋製作所／株式会社ケンコー／株式会社モンベル／アドビシステムズ株式会社／清里ペンションスケッチブック／マナスル山荘／入笠山天体観測所／塩田和生／牛山俊男／井川俊彦／青栁敏史／榎本 司／中口勝功／外山保広

表紙：小川 純（オガワデザイン）
ブックデザイン・図版：プラスアルファ

基礎からわかる きれいに撮れる
デジタルカメラによる天体写真の写し方　NDC440

2010年7月31日　発　行
2014年2月15日　第6刷

著　者	中西昭雄
発行者	小川雄一
発行所	株式会社　誠文堂新光社
	〒113-0033
	東京都文京区本郷3-3-11
	（編集）電話 03-5805-7761
	（販売）電話 03-5800-5780
	http://www.seibundo-shinkosha.net/
印　刷	（株）大熊整美堂
製　本	（株）ブロケード

©2010,Akio Nakanishi.
検印省略
万一落丁・乱丁本の場合はお取替えいたします。
本書掲載記事の無断転用を禁じます。

Ⓡ 日本複製権センター委託出版物
本書の全部または一部を無断で複写複製（コピー）することは、著作権法上での例外を除き、固く禁じられています。
本書からの複写を希望される場合は、日本複製権センター（JRRC）の許諾を受けてください。
JRRC（http://www.jrrc.or.jp　e-mail:jrrc_info@jrrc.or.jp　電話:03-3401-2382）

ISBN978-4-416-31026-7　　　　　　　　　　　　　　Printed in Japan